わたしのエコひいき農業
有機無農薬栽培の実際

堀 俊一 著

野菜と雑草、害虫、天敵

筑波書房

口絵

1　額縁草生栽培（中央がニンジン）
注　枯れた部分は雑草を刈ったあと

2　カブラヤガ（中齢幼虫）の被害
注　中齢幼虫とは、若齢と熟齢の間の幼虫のこと

3　ホオズキカメムシ幼虫
注　体長約5mm

4　コガネムシ幼虫
注　下の虫は右向き

5　ホソヘリカメムシ成虫
注　体長約1.5cm

6　ハスモンヨトウの被害

7　葉の裏でガの幼虫をねらうハナグモ

8　ヨモギエダシャク幼虫
注　熟齢幼虫の体長5〜6cm　若齢幼虫も同色で目立つ。

9　カラスノエンドウ

10　メヒシバ
注　上部の細い線状のものは花

11　ソバの花とアブ

12　ソルゴー上で採集したいろいろな昆虫

13　チガヤ（6月）
注　花穂（かすい）に綿毛が付いている

14　アブラムシとナミテントウ

15　ヨトウガの卵塊（らんかい）
注　卵の直径約0.5mm、葉に密に産みつけられる。

16　ヨトウガ（若齢幼虫）
注　体長約7mm、右側が頭部

17　ヨトウガ（熟齢幼虫）
注　体長約 4cm、左側が頭部

18　ハスモンヨトウ成虫
注　体の長さ約 2cm、左側が頭部

19　ハスモンヨトウの卵塊
注　黄土色の毛で覆われている。毛を一部取り除いて撮影した。

20　ハスモンヨトウ（若齢幼虫）

21　ハンモンヨトウの中齢幼虫
注　体長約 1.5cm、頭部と臀部の近くに 1 対の黒色斑紋がある。

22　ハスモンヨトウ（熟齢幼虫）
注　体長約 4cm、左側が頭部

23　ヨトウガの仲間のさなぎ
注　体長 21mm、左側が頭

24　カブラヤガ（熟齢幼虫）
注　土から出すと体を丸める。
体長 4 cm

25　カブラヤガ幼虫（右）とダイコンの被害

29　ウリハムシと食べ痕

26　カブラヤガ成虫
注　体の長さ約3cm、羽に腎臓に似た模様がある。

30　ヒョウタンゾウムシ成虫
注　体長約7mm

27　寄生バチのまゆ（左）とカブラヤガ幼虫（寄主）
注　寄主はハチのまゆが現れて後死亡した。

31　緑きょう病で死んだイモムシ
注　体表に緑色と白色の胞子（病原菌）

28　カブラヤガの寄生バチの成虫とまゆ
注　体長約4mm

32　ナナホシテントウ成虫

33 ナナホシテントウの卵と幼虫（3月）
注　卵は長さ約1mm。角材の上で。
幼虫が卵を食べるが、これは必要なこと。

34 ナナホシテントウ幼虫
注　体長1cm、アブラムシを捕食中

35 ナナホシテントウさなぎ
注　体長約8mm

36 ヒメカメノコテントウ成虫
注　体長約4mm、左側が頭

37 ヒラタアブ成虫
注　体長約1cm、ネギの花で

38 アブ幼虫
注　体長約1cm、左側が頭部

39 アブさなぎ
注　体長約6mm、左側が頭部
　　成熟すると、茶色に変色する。

40 アブラバチが寄生したマミー（白色）
注　健全なアブラムシは緑色

口絵　vii

41　フタモンアシナガバチ成虫
注　体長約2cm、花は「洋種オミナエシ」

45　ハスモンヨトウを捕らえたハナグモ

42　ゴミムシの仲間成虫
注　体長約2cm、下図は、草上のゴミムシ

46　卵嚢（らんのう）を付けているウヅキコモリグモ
注　体長約1cm、卵嚢は腹の下（右側）

43　ゴミムシ幼虫
注　ダイコンの心葉をほどいて撮影した。

47　ガを捕らえたクモ
注　防虫ネットの上で

44　網をはるクモ

48　アマガエル
注　正式名は、ニホンアマガエル

49 畑に埋めた廃用の浴槽内に発生したオタマジャクシ（下）

50 オオフタオビドロバチの巣
注　竹づつの口が土でふさがれている。ふたにあいた穴（写真上端）は、二次寄生蜂の出た跡

51 病気で死んだイモムシ
注　イモムシは下向き、ソバの茎で

52 死んだイモムシにやって来たハエ
注　つぶしたケムシをダイズの枝にかけた。

53 アブ成虫のクリーニング
注　足の感覚毛に付いた花粉や汚れを落とす。

はじめに

この本は有機無農薬で野菜栽培をするために必要と思われる知識、技術についての本です。内容は、野菜栽培の体験をもとに、雑草の管理、土作り、害虫、天敵（テントウムシなど）についての知識、技術をまとめたものです。とくに、これまであまり知られていなかった天敵について説明し、害虫と天敵の見分け方を述べました。天敵とは、害虫の増加を抑える益虫のことです。とくに、もともと地域にいたネイティブな天敵たちを紹介します。この本は、我が家の畑でデビューした天敵たちの全一巻です。

私は10年前に有機、無農薬で露地野菜栽培を始めました。病害虫対策として、これまでにも言われているように、野菜の生育に適した時期に栽培しました。肥料のやり過ぎは病気や害虫の発生をまねくということなので、肥料を少なめにしました。その結果、野菜は病気にかかることもなく健康に育ちました。しかし、害虫の被害は思うように減りませんでした。植えたばかりの苗が根元で切断されたり、収穫したダイズが虫食いだらけだったりして、残念だったことがありました。

有機栽培の知識や技術は、これまでに多くの先人達によって、創造され改善されてきました。また、近年、天敵の保護と利用についての研究が進み、その成果が蓄積しました。私はそれらを応用して天敵の利用に取り組みました。そして、無農薬栽培を始めてから4年くらいたつと害虫の被害がほとんどなくなりました。カラー口絵の害虫と天敵の写真は、この間に撮影したものです。

さて、じっさいの害虫防除についてですが、毎年被害を出す害虫の種類は、作る野菜によってほぼ決まっています。そこで主要な害虫が分かればこの本からその害虫と天敵の知識が得られ、より効果的な防除ができると思います。

本のタイトルの「わたしのエコひいき農業」とは、私の作った言葉で、「エコシステム＝生態系」に「えこひいき」をかけたものです。それは、畑の環境と生きものの結びつきに目を向け、天敵を保護、利用する農業、というくらいの意味です。天敵のはたらきには未解明の部分が多いので、天敵を利用するといっても多分にえこひいきになっているのではないかという含みがあります。

この本は5つの章からなっています。第1章では、野菜の有機栽培と害虫防除の概要について述べ、第2章では、おもな野菜の作り方について述べました。第3章は、雑草管理と土作りです。第4章では、害虫の見分け方と性質を利用した防除について、第5章では、土着天敵の種類とはたらきについて述べました。このような構成にしましたが、各章はお互いに関係があるので、まずページをパラパラとやっていただいて、興味あるところから入っていって下さい。また、口絵には、昆虫のアップの画像が多数あります。虫は苦手だという方は、必要なところから見てください。

この本が農薬に頼らずに病害虫の被害を減らし、安全・安心な農産物の生産に役立てば幸いです。

なお、この本を刊行することについて、とてもあたたかな励ましとご指導をいただいた茨城大学名誉教授　中島紀一氏に深く感謝します。

2018年7月

堀　俊一

目　次

カラー口絵 ……………………………………… ii

はじめに ………………………………………… 1

第1章　有機無農薬栽培と天敵の利用 …… 6

❶ 病害虫の発生条件 　　　　　　　　　　9

❷ 有機無農薬栽培と病害虫防除の実際 　　10

（1）旬の野菜作りと土作り ………………10

（2）害虫の捕殺と天敵の保護………………10

（3）防虫ネットの被覆………………………11

（4）ネキリムシガードで苗の保護 ………12

（5）額縁草生栽培で害虫の侵入防止………12

第2章　有機無農薬栽培の実際 …………13

❶ ダイコン 　　　　　　　　　　　　　　13

（1）作り方（春まきダイコン）…………13

（2）おもな害虫と防除対策………………14

①カブラヤガ…… 14

②アブラムシ…… 14

③ハイマダラノメイガ…… 15

④土壌センチュウ…… 15

⑤その他の昆虫…… 15

❷ レタス 　　　　　　　　　　　　　　　15

（1）作り方（リーフレタス）………………15

（2）おもな害虫と防除対策…………………16

①カブラヤガ…… 16

②ヨトウムシ…… 16

③アブラムシ…… 16

❸ ニンジン 　　　　　　　　　　　　　　16

（1）作り方（春まきニンジン）……………17

（2）おもな病害虫と防除対策………………18

①根腐病…… 18

②土壌センチュウなど…… 18

③黒はん病…… 18

④カブラヤガ…… 18

⑤キアゲハ…… 18

⑥コオロギ…… 19

⑦ノウサギ…… 19

❹ サトイモ 　　　　　　　　　　　　　　19

（1）作り方 ……………………………………19

（2）おもな害虫と防除対策…………………20

①スズメガ…… 20

②ハスモンヨトウ…… 20

③ミナミネグサレセンチュウ…… 20

❺ ネギ 　　　　　　　　　　　　　　　　21

（1）作り方（九条ネギ）……………………21

（2）おもな病害虫と防除対策………………22

①カブラヤガ…… 22

②ヨトウガ…… 22

③ネダニ…… 22

④その他…… 23

❻ カボチャ 　　　　　　　　　　　　　　23

（1）作り方（直播栽培）……………………23

（2）おもな病害と防除対策…………………24

❼ ピーマン 　　　　　　　　　　　　　　24

（1）作り方 ……………………………………24

（2）おもな害虫と防除対策………………… 26

①アブラムシ…… 26

②オオタバコガ、アズキノメイガ…… 26

③ホオズキカメムシ…… 26

❽ ナス 　　　　　　　　　　　　　　　　26

（1）作り方 ……………………………………26

（2）おもな害虫と防除対策…………………27

①アブラムシ…… 27

②アズキノメイガ…… 27

③チャノホコリダニ…… 27

❾ ラッカセイ 27

（1）作り方 ……………………………28

（2）おもな病害虫と防除対策…………28

　①カラス…… 28

　②土壌センチュウ…… 29

　③褐斑病…… 29

❿ モロヘイヤ 29

（1）作り方 ……………………………29

（2）おもな害虫と防除対策 ……………30

⓫ ダイズ 30

（1）作り方 ……………………………30

（2）おもな害虫と防除対策 ……………32

　①コガネムシ…… 32

　②アブラムシ…… 32

　③シンクイムシ（サヤタマバエ、メイガの幼虫）…… 32

　④カメムシ…… 33

　⑤ハスモンヨトウ…… 33

　⑥ヨモギエダシャク…… 33

（3）防虫ネットのトンネル内に天敵を入れる… 33

　①クモ…… 33

　②テントウムシ…… 34

　③アマガエル…… 34

　④ゴミムシなど…… 34

（4）トンネル内にいるただの虫 …………… 34

　①コアオハナムグリ…… 34

　②シジミチョウ…… 34

　③無害なカメムシ…… 34

（5）天敵の効果の判断…………………35

⓬ キャベツ 35

（1）作り方（秋まきキャベツ）………35

（2）おもな病害虫と防除対策…………36

　①ヨトウムシ…… 36

　②菌核病…… 36

⓭ ホウレンソウ 36

（1）作り方（秋まきホウレンソウ）………36

（2）おもな病害虫と防除対策………………37

　①べと病…… 37

　②ハダニ…… 37

　③カブラヤガ…… 37

（3）生育障害 ………………………………37

第3章　雑草管理と土作り …………41

❶ 雑草の特徴 41

❷ 雑草は畑の生き物の土台 41

（1）除草に平気な害虫と弱い天敵 ………41

（2）雑草たちの一年 ………………………41

（3）微生物が根のまわりに集まる ………42

❸ 雑草を見直す 42

（1）野菜の生育場所を奪うか（被害Aについて）…42

（2）養水分を奪うか（被害Bについて）………42

　①養分…… 42

　②水分…… 43

（3）日照をさえぎるか（被害Cについて）……43

（4）害虫の住みかになるか（被害Dについて）

　…………………………………………43

（5）農作業のさまたげになるか（被害Eについて）

　…………………………………………43

❹ 天敵の保護に役立つ草 43

（1）シロツメクサ【種名】…………………43

（2）カラスノエンドウ【種名】……………44

（3）メヒシバ【種名】………………………44

（4）ソバ【種名】……………………………44

❺ その他の草の見分け方 45

（1）チガヤ【種名】…………………………45

（2）メマツヨイグサ【種名】………………45

（3）ハコベ【種名】 ……………………… 45

（4）ギシギシ【種名】 …………………… 45

❻ 草の管理—３つの方法　46

（1）草を根ごと引き抜く ………………… 46

（2）中刈り ………………………………… 46

（3）草生栽培 ……………………………… 46

　　①ヘアリーベッチ…… 46

　　②ソルゴー…… 46

❼ コンパニオンプランツ　47

❽ 土作りと肥料のやり方　47

（1）土層 …………………………………… 48

　　①土の三層…… 48

　　②土層別に異なる生物…… 48

　　③土層と根の分布…… 48

（2）土の構成 ……………………………… 49

　　①土の中の固体、水、空気、その割合 …… 49

　　②砂と粘土の割合…… 49

（3）団粒構造の土 ………………………… 50

（4）土中の窒素の流れ …………………… 50

（5）堆肥の恩恵 …………………………… 51

（6）ミミズのはたらきと保護 …………… 51

　　①イネ科植物の根…… 51

　　②有機物をかみくだく土壌動物…… 51

　　③ミミズが好む環境作り…… 51

（7）牧草で地力向上 ……………………… 52

（8）肥培管理 ……………………………… 52

　　①肥料の施し方—溝施肥…… 52

　　　（ア）元肥…… 52

　　　（イ）追肥…… 53

　　　（ウ）新しい畑の元肥…… 53

　　　（エ）使用肥料…… 53

　　②有機質肥料の効き方…… 53

　　③土壌診断…… 54

　　④少肥栽培と野菜の品質…… 54

（9）連作障害 ……………………………… 55

（10）ラッカセイやライムギで空き畑の管理…… 55

第4章　害虫の被害と防ぎ方 ………… 57

❶ 害虫の身元調査　57

（1）害虫のチェック ……………………… 57

（2）昆虫の基礎知識 ……………………… 57

（3）被害の出る時期と特徴 ……………… 60

❷ 害虫の見分け方と防除　60

（1）アブラムシ …………………………… 61

（2）モンシロチョウ ……………………… 61

（3）コナガ ………………………………… 62

（4）ハイマダラノメイガ ………………… 62

（5）ヨトウガ ……………………………… 62

（6）ハスモンヨトウ ……………………… 63

（7）カブラヤガ …………………………… 64

（8）ニジュウヤホシテントウ…………… 65

（9）ウリハムシ …………………………… 66

（10）キスジノミハムシ …………………… 67

（11）ヒョウタンゾウムシ ………………… 68

（12）オンブバッタ ………………………… 68

（13）ハダニ ………………………………… 68

（14）ダンゴムシ …………………………… 69

（15）カタツムリとナメクジ ……………… 71

（16）土壌センチュウ ……………………… 71

❸ その他の鳥獣等　72

（1）ヒヨドリ、カラスなど ……………… 72

（2）モグラ ………………………………… 73

（3）ハクビシン …………………………… 74

第5章　天敵の種類とはたらき ……… 77

❶ 天敵の３グループ　77

（1）捕食者 ………………………………… 77

（2）捕食寄生者 …………………………… 77

（3）天敵微生物 …………………………… 77

❷ 天敵のはたらきと環境 　　　　77

（1）テントウムシ ………………………… 78
　①テントウムシの種類…… 78
　②保護と環境作り…… 78

（2）ホソヒラタアブ ……………………… 79
　①ホソヒラタアブの生活…… 79
　②保護と環境作り…… 79

（3）アブラバチ …………………………… 79
　①アブラバチの生活…… 80
　②保護と環境作り…… 80

（4）アシナガバチ ………………………… 80
　①フタモンアシナガバチ…… 80
　②保護と環境作り…… 80

（5）ゴミムシ ……………………………… 81
　①ゴミムシの種類…… 81
　②保護と環境作り…… 81
　③最近、重要視された天敵…… 81

（6）クモ …………………………………… 82
　①クモの種類…… 82
　②保護と環境作り…… 83

（7）アマガエル …………………………… 83
　①アマガエルの生活…… 83
　②保護と環境作り…… 83
　③アマガエルでトンネルの中の害虫防除…… 83

（8）天敵微生物 …………………………… 84
　①天敵微生物による昆虫の病気…… 84
　②天敵微生物の増殖と拡散…… 85

❸ 天敵のミニワールド 　　　　87

おわりに ………………………………… 89

参考図書 ………………………………… 90

さくいん ………………………………… 91

コラム

野菜カフェ１　野菜の花を咲かせるか、咲かせ
ないか …………………… 25

野菜カフェ２　かき菜の季節と麦の穂 …………… 38

野菜カフェ３　害虫に葉を食べられるとどれく
らい収穫量が減るか ……………… 39

土カフェ　畑でできた短歌 ………………… 56

虫カフェ１　虫も人を嫌う ………………… 59

虫カフェ２　ネキリムシ（カブラヤガの幼虫）
の観察と実験 …………… 70

虫カフェ３　昆虫の名前調べ ………………… 75

虫カフェ４　目で見る天敵のはたらき（オオ
フタオビドロバチ）……………… 84

虫カフェ５　害虫の病気の大発生を見た（ヨ
トウムシなど）………………… 86

（注）図鑑やインターネットで生物を確かめると
きは、正確な種名で探すとはやく検索でき
ます。そのために、この本では昆虫と植物の
名前の後に【種名】と付記しました。種名
は正式にはラテン語で表記しますが、一般
的になじみがないので、この本では種名と
して「和名」を用います。「和名」とは、日
本語での正式な名前のことです。

第1章
有機無農薬栽培と天敵の利用

アジアモンスーン地帯にある日本は温暖で雨が多く、植生が豊かで肥よくな土壌に恵まれています。この恵みを活かして私たちの祖先は営々と田畑を築き、せまい国土でありながら多くの人口を養ってきました。この長い歩みから見れば、農薬や化学肥料に依存する農業は戦後の70年程度のものです。高度経済成長政策の一環で選択的拡大が奨励され、農業の大規模・専作化、施設化が進められました。多収穫技術は広まりましたが、その弊害が環境汚染や健康被害という姿で現れたことは歴史にしるされたところです。農薬、化学肥料への過度の依存、家畜ふん尿の不適切な処理などが地球規模で環境を悪化させたのです。今日、慣行農業では、地力の低下、病気や害虫の多発、食の安全、安心への危惧が高まりました。生産者の中にも農薬による健康被害を受けている人がいます。この現状に疑義をいだき、生活のあり方から見直したまともな農法を模索し、工夫を重ねる人たちがいました。世界を見渡すと、有機農業の提唱者や実践者が少なからずいることに気付きます。日本でも、世代を超えて有機農業に取り組む農家が少なくありません。農業技術面について、土作りや適期栽培によって生産が安定してきたことが経験的に明らかになりました。また、「労力がかかりすぎる」、「将来、食糧不足が増すなかで、有機農業ではすべてをまかなえない」といった以前からの疑問には、環境保全型農業として答えられる段階に達しています。

有機農業の地上部技術

有機農業の最初の課題であり、基本的な技術は土作りでした。その成果は、天候不順に耐え、病虫害を軽減し、栄養豊かで日持ちの良い農産物の生産にあらわれています。大冷害だった1993年にも、土作りに励んできた有機稲作農家が平年作に近い収穫量を上げたことは、マスコミにも取り上げられました。森の土を見て「土作り」を発想し、わらや落ち葉の堆肥を使って続いてきたこの技術を、私は美しい技術だと思います。しかし、地下部の成果（土作り）に対して、地上部には解決すべき問題が残されています。作物の生育や収穫量を損なう茎葉部の病害虫防除と雑草対策です。地力のある健全な土には病害虫の抑止機能がありますが、それだけに任せてはおれません。そこで、この本では地上部と根部の病害虫の防除や雑草の管理についての私の経験を述べます。

有機農業をおこなう上で作物の病気、害虫や雑草対策をどう考え、どう対処していくかは重要です。農薬をまいて害虫や病気が消滅したことはまずありません。目に見える被害は一時影をひそめます。しかし、葉一枚一枚、その裏表に農薬をまんべんなく散布することは不可能だと思います。一部の生き残りがあれば病害虫は盛り返します。これが単なるくり返しではなく、薬剤を何度も使ううちに抵抗性をもってきます。さらに、農薬によって害虫よりも先に天敵が死ぬので、害虫が生き残る条件は拡大します。

一方、天敵で害虫を防除するには、「害虫は

いつもいる」ということを承知の上で、作物の被害を減らす、という方針が重要です。これはできないことではなく、実現している農家があります。害虫がまったくいなければ、それを食べる天敵もいません。そこに害虫が侵入すれば、大きな被害がでます。ぎゃくに、害虫が多くてどんどん増えているところでは、天敵の害虫抑制機能ははたらきません。常日頃から天敵の保護が必要です。

また、病害虫の被害をよく見ると、概して、葉や根を加害して植物体を衰弱させる被害と、実物野菜の果実、葉物野菜の葉などを加害して直接品質・収量をおとす被害があります。株が衰弱して立ち直れなくなるのは若苗の時です。直接収穫物がだめにされるのは生育後期です。これら弱点の時期を重点に、害虫の発生時期に注意する必要があります。

なお、防除の目的を見直すことも必要です。流通、消費の段階で、外見よりも農産物としての内容重視の選択に変えていくことです。このことを、交流や提携によって深めている有機栽培農家と消費者がいます。

天敵のはたらきと作物の抵抗力

最近の調査、研究から、有機無農薬栽培や減農薬栽培を長年実践する農家の田畑で害虫の大発生をくいとめる自然抑止力が発見されました。

①土着天敵

害虫を食べる天敵のなかには、1カ所の田畑に定住を好む種類があります。これを土着天敵といいます。たとえば、クモ、ある種のササラダニ（土壌病原菌を食べる）などです。それらは農薬に非常に弱いです。土着天敵の

保護には草生栽培が適していますが、雑草は野菜の生育と競合するときがあるので、メリハリのある雑草の管理（部分的除草、中刈り）が必要です。

②拮抗生物

アレロパシー（ある種の植物が分泌する化学物質によって他の植物の成長が影響を受ける現象）を利用して雑草を抑えます。たとえば、ヘアリーベッチという牧草を畑にすき込むと多くの雑草が抑えられます。刈り倒して、地面に敷いても効果があります。

③作物の抵抗力

作物は病害虫の被害を受けると、様々な防御反応を示します。具体的には、病害抵抗性誘導、天敵誘導、補償作用です。

病害抵抗性誘導とは、茎葉が害虫に食べられると、特定の病気に対する抵抗力があらわれる、というものです。その変化は植物の全身に及びます。

次に、天敵誘導とは、たとえば、キャベツの葉がイモムシに食べられると、キャベツは葉に新たな臭いを加えて葉の臭いを変化させます。その臭い（SOS物質）に寄生バチが反応し、キャベツに飛来してイモムシに寄生するというものです。

補償作用とは、病害虫の加害によって作物の生育が遅れても、その後に生育をじょじょにばんかいする性質です。私は、これらの作用の発現は、作物の体質（例、窒素の多少）や老若によって左右されると思っていますが、実証的な研究が待たれます。

なお、病害抵抗性誘導は、作物（農学サイド）においても一般植物（植物学サイド）に

おいても今や多くの植物で明らかになっています。私は、野菜の生命力について考える上で、このことを重視しています。植物が栽培化された後も、作物に病害抵抗性誘導という性質が残っていたと考えるからです。

④増殖環境の除去

病害虫が侵入して、増殖するような栽培を止めます。たとえば、害虫の多くは窒素過多の作物を好んで、そこで繁殖します。害虫は、葉の緑色の濃い方に行きます。このことは、有機質肥料を使う場合でも、化学肥料を使う場合でも同じことです。

多くの生命力を活かす畑

ここで、薬剤利用防除と天敵利用防除を比べてみましょう。薬剤散布は、基本的に病害虫が発生するときにすぐに行う作業です。これは臨機的な方法です。野菜1作ごとに病害虫の発生の動向を予測することは非常に難しいので、よくよく考えると薬剤利用防除は難しい方法です。また、最近は、環境保全が重視され、殺虫範囲の広い殺虫剤の使用が抑制されています。農薬の選択にも難しいものがあります。

一方、天敵利用防除は、作物を植え付ける前からできる、準備的な作業です。そこで、土着天敵の住みかとえさを確保するために、雑草や牧草を、常時じゃまにならないていどに生やしておきます。露地栽培では、広食性（何でも食べる）や単一食性（単一の食べ物を食べる）、あるいは、その中間型の天敵がいて、いろいろな条件下でそれぞれ役に立ちます。多様な生き物が住んでいれば、食物連鎖や老若などによる活動力の差が複雑に結びつき、安定的な畑の生態系になると思います。多様な天敵がいるので野菜ごとに、病害虫ごとに天敵を選択する必要性はありません。また、個別的な防除はしようにもできません。なお、土着天敵を利用する理由は、販売されている天敵は露地野菜栽培で使えるものがごくわずかで、とうてい防除に間に合わないからです。

天敵利用防除の場合、地下部の管理も地上部の管理も自然の営みが田畑の中にあればこそ可能なことであって、健全な環境作りが大前提となります。私は与えられた条件の中で野菜、土、雑草、虫の性質を応用して総合化を図り、無農薬栽培をおこなっています。健全に育っている野菜が、畑の植物の一員として、天敵の出現にとって有利であることをジャガイモとサトイモで観察しました。

さて、「農業は草との戦い」、「農業は虫との戦い」という言葉がありますが、労働の厳しさから身にしみて分かります。しかし、「戦い」と言っても、じつは何と何の戦いでしょうか。慣行栽培では、雑草対除草剤であり、病害虫対農薬です。それは、農薬による作物への一方的な保護です。作物が直接病害虫と戦っていないと思います。一方、有機農業では、人手で除草し、害虫を捕殺します。天敵の助けもあります。基本的に、病害虫に負けない健康な作物作りをしています。そこでは作物も抵抗力を出して病害虫と戦います。病害虫対策として過剰な施肥を避けることが基本であり、そのために収穫量の目標を抑えることもあります。つまり、病害虫防除には、人と作物の共同があります。そして、全体的に重要なことは、畑の環境作りです。そのかぎは雑草の管理にあります。雑草は、作物、害虫、天敵

の勢力に影響をあたえます。田畑に雑草を生やすことは、昔からいとわしく思われてきたことですが、それなりにいろいろな事情や上からの思想があったのだと思います。しかし今日、雑草は作物や天敵を取り囲む環境として経験的に見直され、無視できないものとして注目されています。

　このように、有機無農薬栽培では、野菜を健康に育てると同時に、病害虫が増えない環境作りをおこなうことが重要です。また、病害虫を防ぐには、防除作業だけでなく、作物の未知の生命力、天敵、微生物のはたらきなど自然のパワーに頼ることもたいせつです。

　この章は、野菜の地上部の管理を中心にこの本全体をまとめたものです。

❶ 病害虫の発生条件

　病害虫の発生を見ていると、栽培時期や野菜の育ち方などに関係して一定の傾向があります。病害虫は次の3つの要素が重なったときに発生します。第1の要素（原因）は、病原菌や害虫がいること。第2の要素（素因）は、野菜が病害虫に弱い体質であること。第3の要素（誘因）は、病害虫の発生に適した環境であることです。露地野菜栽培でこれらの要素への対策について考えてみましょう。

　第1の要素（原因）は、できるだけ病気や害虫のいない時期に栽培すればほとんど除けます。病害虫の発生が少なければ被害はほとんど問題になりません。そこで、天敵を利用して害虫を減らせばよいと思うのですが、一般的に露地栽培では天敵の利用がまだ確実な

技術になっていません。天敵利用についての創意工夫の紹介が、この本の目的の一つです。

　また、野菜の病気を引き起こす病原菌は専門家でないと調べられないので、病気の対策については、じっさいには第2、第3の要素と関係します。

　第2の要素（素因）に対しては、野菜や品種の選択と土作りです。病害虫に強い野菜や品種を選びます。ただし、このことは野菜のうまさや収量と裏腹になることが多いので、そのどちらを重視するかという栽培の方針が重要になります。密植や多肥をさけて健康に育てます。

　第3の要素（誘因）に対してですが、これは環境条件の影響を受けます。そのなかで特に関係が深いのは、苗のこみぐあい、農作業、雑草や周囲の林、家屋などによってかもし出されるせまい範囲の環境（微気象）です。また、季節風、気圧配置などで説明される広範囲な気象を汎気象と言います。ふつう、こちらの方を単に「気象」と言います。畑では、うねの高さ、うね間、株間、雑草の管理をして環境を調節します。とは言っても、栽培に適する環境条件と病害虫の発生に適する環境条件とには重なりがあります。そこで、病害虫の大発生を避けるためには、野菜が育つ範囲内であって、しかも病害虫の活動には不適当という環境条件下で栽培します。具体例をあげると、ホウレンソウのべと病やハダニを防除するために、冬に栽培することです（第2章13（2）おもな病害虫と防除対策）。

　以上の考え方にそって、いくつかの方法を組み合わせて総合的に防除します（**図 1-1**）。

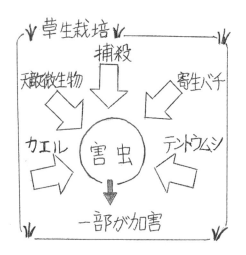
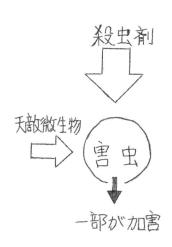

図1-1 天敵利用の防除（左図、私の取り組み）と農薬利用の防除

❷ 有機無農薬栽培と病害虫防除の実際

（1）旬の野菜作りと土作り

　害虫対策として、旬の野菜作り（表1-2）を基本にします。地域の気候や土質にあった品種を選びます。病気や害虫に強い品種を選びます。品種比較栽培が有効です。肥料のやり過ぎを避け、野菜の根張りを良くして、病害虫に抵抗力のある野菜に育てます。

　堆肥や有機質肥料を使い、ミミズや微生物のはたらきを活かして土作りをします。マメ科牧草などを使って地力を高めます。野菜のうね間に雑草やソバを生やします。

（2）害虫の捕殺と天敵の保護

　害虫と天敵の見分け方について、ごくかんたんに述べます。ある野菜に同じ虫がたくさんいれば、それは害虫です。その中にまれに異形の虫がいれば、ふつう、それは天敵です。たとえば、アブラムシがたくさんいるところには、その天敵であるテントウムシがわずか

にいます。ワニのような形をした、体長約1cmで体が細い虫はテントウムシの幼虫です。その体色は、暗い紺色とオレンジ色です。天敵にさわらないように、できる範囲でアブラムシを捕殺します。

①天敵に寄生された虫は捕殺しない

　天敵に寄生されたイモムシには、死ぬまでそのまま野菜の葉を食べさせます。そのイモムシの体内で天敵が育つからです。寄生されたイモムシを見分けるのはむずかしいですが、見つけるコツがあります。たとえば、ヨトウムシは夜間に活動しますが、病気になると昼間から野菜の上のほうにいます。そのイモムシは動きがにぶく、指でつつくと簡単に横倒しになります。

②天敵微生物を増やす

　病気で死んだ虫は、体が腐っていたり、白色や緑色のカビが生えていたりします。それを野菜やそばの花などの先端部に引っかけます。虫の死体にはハエが来て、天敵微生物を運搬する可能性があります。病気の原因であ

第1章　有機無農薬栽培と天敵の利用　11

表1-2　旬（適期）の野菜作り　　　　　　　　　　　　　　　　　　　関東地方中心

	1	2	3	4	5	6	7	8	9	10	11	12月
ジャガイモ	■■■■	■■■■	■■ △			□□	□ ■■■	■■■	■■■	■■■	■■■	■■■
ダイコン			○	□□		□□			○	□	□	□□□□
サニーレタス	■■■■	■■■	○		□				○			
春まきニンジン			○				□□□□	□				
九条太ネギ	□□□□	□□□□	□□□□	□□	○		△					
カボチャ					○			□□□□	■■■■	■■■■	■■■■	
サトイモ	■■■■	■■■■	■■■■	■■■■	△					□	■■■■	■■■■
ピーマン				△			□□□□	□□□□	□□□□	□		
ラッカセイ	■■■■	■■■■	■■■■	■■■■	△					□	■■	■■■■
モロヘイヤ						○	□	□	□	□		
ダイズ	(1年以上貯蔵できる)						○				□□	■■■■
夏まきニンジン	□□□□	□□□□	□□□				○				□	□□□□
カキナ			□□	□□					○		□	
キャベツ				□	□□□					○	□	
ホウレンソウ	□□□□	□□□□	□							○		□

注1　○：たねまき　△：定植　□：収穫　■：貯蔵可能期間
注2　作付計画（例）は、レタスの後にカキナ、春まきニンジンの後にホウレンソウ、カボチャの後にキャベツを作る。
　　　ダイコンの5月と10月の収穫は、葉ダイコンとしての利用。

る天敵微生物を畑に分散したいという考えでおこなっています。

また、病死虫を他のイモムシの体になすりつけます。イモムシが食べている葉にもなすりつけます。

③部分的に除草する

畑の環境をできるだけ穏やかにするために、夏はなるべく野菜の北側または東側を除草し、冬は野菜の南側だけを除草します。トラクターでの耕うんによる除草はなるべく止め、地上部だけを刈ることが望ましいです。

また、10アールの畑の1、2本のうねに、雑草を生やします。雑草といっしょにソバ、マリーゴールドなどを植え、多種類の生き物の住みかにします。その中には、天敵もいます。そのうねは2年間くらいそのままにしてほとんど手を加えません。

（3）防虫ネットの被覆

野菜に防虫ネット（網目の1辺が1mm、商品名「防虫サンサンネット」）をかぶせます。とくに、発芽した芽や苗が、鳥や害虫に食べられるのを防ぎます。

防虫ネットの使い方には、「べたがけ」と「トンネルがけ」があります。

①べたがけ

野菜の上に直接防虫ネットをふわりとかける方法です。ダイズなどの芽がハトに食べられるのを防ぎます。また、カブやダイコンを害虫（シンクイムシなど）から守ります。ネットと野菜が密着していると、ネットの外から卵を産み付ける虫がいるので、ネットの内側につっかえ棒を立ててネットを浮かせます（浮きがけ）。

ただし、防虫ネットは用が済んだら取りは

ずします。その理由は防虫ネットをかけたままにしておくと、その中で思わぬ害虫が単独で大発生することがあるからです。

②トンネルがけ

防虫ネットをトンネル状にかぶせます。心枝（トンネルの骨、「弓」とも言う）を使ってネットを張り、すそを土に埋めて固定します（図 1-2）。

図 1-2　トンネルがけ

(ア) 若苗の保護

野菜の本葉が 10 枚頃までは、ネットをかぶせて防除します。その頃までは葉が小さくて成長がおそく、害虫に食べられるとダメージが大きいからです。つる性の野菜は本葉 10 枚以降に生育がおうせいになり、葉が食べられても次の葉がどんどん出てくるので、害虫に負けなくなります。

(イ) トンネル内の害虫の捕殺

トンネルをかぶせても防除は十分ではありません。トンネルに侵入する害虫がいたり、土のなかにすでに害虫がいたりするからです。そこで、防虫ネットをゆるくかけておき、早朝と夕方にネットの内側にいる害虫を外からネットごとつかんで捕殺します。また、もし

も東西方向のトンネルであれば、トンネル内にいる虫は夕方に西側に集まる傾向があるので、それを捕殺します。

(ウ) トンネル内に天敵を入れる

ふつう、防虫ネットの中には天敵がいないので、特定の害虫（例、アブラムシ、ハスモンヨトウ）が異常に増えることがあります。これを「虫かご状態」といいます。とくに、栽培期間の長い野菜は要注意です。防虫ネットのトンネルをかけるときに、ほとんどの虫（害虫と天敵）を追いはらってしまうからです。そこで、テントウムシ、クモなどをトンネル内に入れます。

(4) ネキリムシガードで苗の保護

発芽した苗や定植した苗をネキリムシから守るために、ネキリムシガード（図 4-2 → 65 頁）で囲います。ただし、これは飛んでくる害虫には効果がありません。また、早春と秋に定植する野菜の生育を早める効果もあります。

(5) 額縁草生栽培で害虫の侵入防止

(口絵 1 → ii 頁)

野菜の栽培中に、畑やうねの周りを全部除草しないで、幅 50cm から 1m を帯状に残すと、害虫の侵入が抑えられます。中刈りしてもよいです。中刈りとは適当な高さ（10 ～ 50cm くらい）で刈ることです。歩いて畑に侵入してくるネキリムシやヨトウムシに効果があります。うねの中にすでにネキリムシがいたら捕殺します。草刈り後、うねが緑色の額の中にあるように見えるので、額縁草生栽培とよんでいます。

第2章
有機無農薬栽培の実際

よく育ち、作りやすい露地野菜（ダイコン、レタス、ニンジン、サトイモ、ネギ、カボチャ、ピーマン、ナス、モロヘイヤ、キャベツ、ホウレンソウ）とダイズ、ラッカセイを取り上げました。これらの野菜は、気候も含めてわが家の畑の土に適し、毎年作るものです。これで、毎月切れ目なく収穫できます。また、栽培中は野菜や土のほかに、雑草、害虫、天敵にも目をやってください。これらは相互に関係し、野菜の生育や収穫に影響します。

この章で紹介する栽培技術は、一般的な有機栽培の方法に、私が工夫した病害虫対策などを加えて調整したものです。したがって、この本は従来の技術書とはやや構成が異なり、病害虫の見つけ方や防除のタイミングを栽培技術の中に織り込みました。また、肥料のやり方は、ダイコンとサトイモの項で述べ、他の野菜はそれらに準じて述べました。作業の日取りなどは、関東地方を基準にしています。

また、土作り、害虫（各野菜共通の害虫）、天敵などの個別の知識、技術については、後の章で述べます。

各野菜の施肥は、いずれも発酵鶏ふんと、もみがら牛ふん堆肥を使う簡略化した方法です。その理由は、野菜が吸収する肥料の大半は、前年度までに施肥された肥料分だからです（第3章7（8）①肥料の施し方─溝施肥）。さらに、輪作しているので、野菜ごとに肥料を変える必要性がないと考えます。

❶ ダイコン

ダイコンはアブラナ科野菜で、キャベツ、ブロッコリーなども同じ科です。ダイコンのおもな害虫は、キスジノミハムシ、カブラヤガです。

キスジノミハムシ（図 4-4）の対策は、春はたねまきの適期よりも少し早め（4月初め頃）に、秋は遅め（彼岸明け）に種子をまきます。

なお、ダイコンの葉には栄養分が豊富に含まれています。5月と10月に野菜が不足したときに葉ダイコンとして利用できます。

（1）作り方（春まきダイコン）

ダイコンの品種は多彩であり、栽培時期、用途などで選びます。私は東北種苗の種子をよく使いますが、これは発芽率が良いです。また、根が短めの品種を選べば耕うん、砕土が楽になります。畑もそれほど選ばずにできます。

①畑の準備と肥料

元肥は、たねまきの1か月前に溝施肥します。草刈機で幅50cmくらい除草し、施肥溝と種子をまくところをクワで浅くたがやします。水はけと通気性が良い畑（硬くしまっていない）では、うね立てを省略できます。土が硬い畑は、耕うんして土をよく砕きます。また、水はけの悪い畑では、約20cmの高さのうねをたてます。ただし、これらの作業は土壌水分が多いときには止めます。雨の数日後、地

面が乾いた頃におこないます。

　元肥は、クワ幅で深さ約10cmの溝を掘り、肥料を入れて埋め戻します。溝の間隔は90cmです。溝の長さ10ｍ当たりに発酵鶏ふんを約2kg、ぼかし肥（後述）を約300g入れます。発酵鶏ふんと同量（重量で）の堆肥（例、もみがら牛ふん堆肥、水分の多くないもの）を入れます。たねまきのときの目印として施肥溝の両端に棒をさします。溝の間隔を90cmにした理由は、うね間で草刈り機（車幅70cm）を使うためです。

②たねまき

　目印の棒を使って施肥溝のまん中に糸を張ります。その糸から約5cmはなして種子をまきます。そうすると、施肥溝に隣接して種子をまくことができます。根が肥料にあたることがないよう、また、初期の肥料吸収を確実にするためです。

　種子をまくところを浅く耕し、草を取り除いてクワで土の表面を平らにして押さえます（鎮圧）。1条まきとし、株間は30cm、一か所に2粒ずつまきます。種子をまく深さは約1cmです。

　ネキリムシガードを使うときは、先に設置してから種子をまきます。

③間引きと除草

　間引きは本葉が5枚出た頃におこないます。葉の形や色が異常なものや弱々しくのびたものなどを取り除き、順調に育っている苗を1カ所に1本残します。

　間引きのときに、ネキリムシガードの内外を除草します。心葉をつづって加害しているのはシンクイムシの幼虫です。葉がよれて、裏が見えかくれしているところをチェックします。なお、心葉とは、これから成長するごく小さな葉のことです。

④収穫

　6月に十分に育ったものから収穫します。

（2）おもな害虫と防除対策　（口絵14、24）

　ダイコンの害虫は、他のアブラナ科野菜も加害します。

①カブラヤガ

　カブラヤガの幼虫（**口絵24 → iv 頁**）が4〜5月にダイコンの茎を食べます。カブラヤガの防除には、ネキリムシガードを設置します。収穫するまでネキリムシガードを使います。ダイコンの根が太ると、その圧力でネキリムシガードの合わせ目が少しはなれますが、問題ありません。

②アブラムシ　　　　　　　　　　　（口絵14）

　ダイコンにはアブラムシが発生し、その天敵であるテントウムシやアブラバチもやって来ます。アブラムシによる被害は、株の衰弱と葉が汚れることですが、ふつう、大きな被害にはなりません。しかし、モザイク病が発生すると株全体が委縮して、根も育ちません。

　アブラバチのさなぎ（マミー）は、アブラムシの中にいます。寄生されたアブラムシは、白っぽくてあわつぶのような形です。健全なアブラムシに混じっていますが、全く動きません。アブラバチの保護のために、マミーが羽化してから畑の後片付けをします。収穫しなかったダイコンを半月間畑に残しておけばよいのです。

③ハイマダラノメイガ

シンクイムシともいいます。苗が小さいうちに、この幼虫に心葉が食べられると、ダイコンの生育が止まります。毎年発生するようなら、本葉10枚くらいまで防虫ネットをベタがけします。しかし、ダイコンの収穫期には、ハイマダラノメイガがいても問題ありません。

④土壌センチュウ

収穫したダイコンの表面に黒色の小さな斑点が多数ついていることがあります。これは土壌センチュウが根に寄生した傷あとです。出荷するには被害のチェックが必要ですが、自家用では問題無く食べられます。

なお、ダイコンは連作すると品質が良くなると言われますが、病害虫の発生が多いときには連作を止めます。

⑤その他の昆虫

ダイコンにはナガメ（昆虫）が発生します。ナガメはカメムシの仲間です。体長約１cm、体色は黒色で、あざやかなだいだい色の網目模様があります。春から初夏に葉を食べますが、ほとんど被害はありません。

❷ レタス

レタスのおもな害虫は、ヨトウムシ、ナメクジなどです。レタスには、玉レタスとリーフレタスの２種類があります。ここでは、リーフレタスについて述べます。

（1）作り方（リーフレタス）

①畑の準備と肥料

レタスの苗は小さいので、うね間（施肥溝の間隔）をせまくできます。施肥溝の片側または両側に定植します。元肥は春ダイコンと同様ですが、定植苗が小さいので深さ10cmと５cmに２段に分けて肥料を入れます。。

②たねまき

４月上旬または10月上旬に、育苗箱に種子をまきます。育苗には、市販の育苗用土または深さ５～10cmの畑の土を使います。畑の土を使う場合は、半月前にぼかし肥と堆肥を混ぜておきます。土50リットル当たりぼかし肥約100ｇ、堆肥約500gです。

水はけを良くするために赤玉土を箱の底に厚さ2、3cmにしきます。赤玉土を入れた段階で、箱ごと水につけて十分に水を吸わせます。用土を育苗箱につめ、表面を平らにして鎮圧します。たっぷりとかん水し、数日おいて表面が乾いてきたら種子をまきます。ティースプーンの柄の部分などを使って、約3cm間隔に深さ数ミリのみぞを作り、そこに種子をまきます。レタスの種子は小さいので、指をこすり合わせるようにしてまき、スプーンの柄で種子をまき溝の底に落ち着かせます。そして、土をかける代わりにまき溝を片側からかるく押しつけてまき溝をふさぎます。ペーパーポットにまく方法もあり、定植は能率的になりますが、育苗中のかん水作業が増えます。

種子をまいてから種子が露出しないようにしずかにかん水します。種子が露出したら土を手でもみながらその上にかけます。レタスやシュンギクなどの発芽には光が必要（光発芽性種子）なので、ごく浅いまき溝にします。

種子をまいた翌日までは、念のため育苗箱を陽に当て、翌々日から発芽しはじめるまで新聞紙で覆います。土が乾いたらかん水します。

また、畑の土が種子をまける条件であれば、畑に直まきすることが可能です。ネキリムシガードで囲った中に約20粒まき、本葉が数枚になったときに掘り上げて定植します。ネキリムシガードの中にも、1、2株そのまま残して育てます。

③定植

本葉3〜5枚の苗を施肥溝に隣接して定植します。苗数に余裕があれば、まとまりの良い苗を数本ずつかたまったまま掘り取り、株間約20cmに植えます。定植後、ネキリムシガードで苗を囲みます。根付いてから間引いて1本立ちにします。

④除草と追肥

苗を傷つけないようにネキリムシガードの内側を除草します。ヨトウムシに注意します。

生育が良くないときは、うねの長さ10 m当たりぼかし肥を約300gやり、かるく鎮圧します。以下、とくに説明を加えない場合は、追肥はこの量に準じます。それでも生育が思わしくないときは、ジャガイモやナスなどを作った後地で栽培します。ぼかし肥は、第3章8（8）①肥料の施し方−溝施肥、を参照してください。

⑤収穫

6月または12月に収穫可能なものから収穫します。一般に、1個300gくらいのものが販売されていますが、そのように大きく作るためには多くの肥料が必要です。私は肥料をひかえめにするので小ぶりなレタスですが、適当な大きさになったものから収穫します。

（2）おもな害虫と防除対策

①カブラヤガ

ネキリムシガードを設置して防除します。

②ヨトウムシ （口絵17 → iv 頁）

ヨトウムシの幼虫が葉を食べてぼろぼろにします。葉を摘んでもむ、葉と葉の間でこするなどしてつぶします。成長したヨトウムシは頭のところでちぎり、近くにある野菜の茎葉の頂部にのせます。

③アブラムシ

アブラムシによって葉が汚れますが、大きな被害にはなりません。収穫後、レタスを水洗いすると、アブラムシやアブの幼虫などが出てくることがあります。このアブの幼虫はアブラムシの天敵です。

❸ ニンジン

ニンジンはセリ科野菜で、パセリ、セルリーなども同じ科です。緑黄色野菜で、カロチンを多く含みます。ニンジンには春まき栽培と夏まき栽培があります。春まき栽培は4月初めに種子をまき、収穫は7月です。一方、夏まき栽培は7月末から8月中旬に種子をまき、収穫は11〜3月です（表2-1）。

夏にはコオロギがニンジンの若い芽を食べるので、私は春まき栽培をおこなっています。コオロギの防除ができれば、夏まきの方が栽

第2章　有機無農薬栽培の実際　　17

表2-1　ニンジンの栽培暦

		作型	
		春まき	夏まき
3月		元肥施肥	
4月	初め	たねまき	
5月	下旬	間引き、ネキリムシ防除	
6月		ネキリムシ防除	
7月		収穫	元肥施肥
8月	上旬		たねまき コオロギ防除
	下旬	梅雨明け後8月まで畑で貯蔵可	
9月	上旬		間引き キアゲハ防除
10月			ネキリムシ防除
11月			ネキリムシ防除 収穫開始
	下旬		4月まで畑で貯蔵可

培に適しています。

（1）作り方（春まきニンジン）

①畑の準備と肥料

元肥は春ダイコン（p.13、右）と同様です。

②たねまき

ニンジンの栽培は一斉に発芽させることがポイントです。発芽の成否は、土の適度な湿り気と鎮圧にかかっています。

4月初めに種子をまきます。雨が降って数日後、土の表面が乾いてきたときがよいです。たねまきの当日に種子をまくところの草を取り除きます。土を浅く耕うんしてくだいてからクワの刃を土に押しつけて平らにします。刃に土が付いたらそのつど取り除きます。クワの柄の端が刃より出ている場合は、土を平らにするときに邪魔になるので切り取ります。

移植ごて、または三角ホー（別名、立ちがま、柄が長く、立って使える除草用器具）で深さ 0.5 〜 1 cmのまき溝を作ります。種子

を約10cm間隔で5粒くらいずつまきます。まいた種子がくっついたときは、ティースプーンなどを使って離します。まき溝を掘ったときの土を移植ごてなどでもどして覆土します。その後、三角ホーなどで土を押さえます。地下足袋をはいて、覆土した上から足で踏んでもよいです。底の平らなはきものでもよいです。この作業を鎮圧といい、ニンジンの発芽が良くなります。鎮圧によって土壌水分の吸収がよくなるからです。種子をまいたところがへこんでも問題ありません。ただし、土が湿りすぎているときは鎮圧を止めます。

発芽がそろうまではポリエチレンフィルムをトンネルがけしますが、4月下旬には取りはずします。

③間引きと除草など

順調に発芽したら、次に間引きです。間引きを上手におこなうには、好ましい苗の姿を知っておくことが必要です。苗が小さい頃、複葉の葉が開いてくると、とてもかわいらしいものです。

・ 1回目の間引きは、本葉2、3枚のときにおこなう。

・ 本葉3枚くらいまではやや密生しているほうが順調に生育し、ニンジンの品質が良くなる。密生していなければ、1回目の間引きを省略する。

・ 2回目の間引きは、本葉5〜6枚のときにおこなう。最終的に、株間約10〜15cmに1本立ちとする。

・ 葉の形や色が異常なもの（濃色あるいは、淡色すぎる）、小さい苗や大きすぎる苗を間引

く。苗や雑草が混んで生えていれば、残す苗に傷が付かないように子葉の下をはさみで切る。

・地力が低く、肥料の不足が心配なときは、株間を広め（12 ～ 15cm）にする。

また、葉色や成長のわるい苗が多いところは、根腐病や土壌センチュウの疑いがあるので掘り上げて根を診断します。根が部分的に黒変するのは、これらが原因です。

キアゲハやカブラヤガの若齢幼虫は捕殺します。

④収穫

ふつう、一斉に収穫しますが、生育の良いものから収穫してもよいです。ニンジンは収穫期に窒素が不足するくらいのほうが、品質が良くなると言われています。

また、本葉3枚または7枚の時期に肥料が不足すると、根の割れが多くなります。この場合、次回は追肥します。

（2）おもな病害虫と防除対策

①根腐病

病斑は、根の表面にできる直径1cmくらいの茶色や黒色のくぼみです。ニンジンを収穫後洗浄すると、分かります。数日後、この病斑を中心にして根が腐ります。この病気の原因は、土の中にいる病原菌です。根腐病は土壌水分過多、収穫期の窒素過剰、収穫の遅れによって増加します。連作でも増加します。

対策として、畑の水はけを良くして、窒素肥料を減らします。また、私はニンジンが本葉10枚くらいになったらそれ以降は雑草が生えたままにします。雑草と競合して、ニンジンの肥料の吸収が減ると思うからです。

②土壌センチュウなど

ニンジンの生育初期に土壌センチュウに加害されると枯れたり、岐根（分岐した根）になったりします。対策はマリーゴールドを輪作にとり入れます。

③黒はん病

根の肩の部分がくさび状に割れて黒くなります。病気が進むとそこから黒い液が出て、出荷箱の中のニンジンを汚します。対策としては連作を止めます。

④カブラヤガ　　　　　　　（口絵2 → ii 頁）

幼虫が小さいときと大きいときとでは被害の様子が異なります。体長1cmくらいの小さなネキリムシは、ニンジンの本葉が5枚頃に若い葉を食べます。その葉はよれて変色します。それより成長が進んだ体長約1.5cmのネキリムシは、ニンジンの葉柄をかじって折ります。もっと成長すると、ニンジンの苗を株元で切断します。さらに、根が太ると根の肩部をえぐるように食べます。私はネキリムシの対策として、生育後期の中耕と土寄せをひかえます。

⑤キアゲハ

成虫は羽を含めた体の幅が10cmくらいで、黄色と黒色のモザイク模様の大きなチョウです。このチョウは初夏と秋にあらわれます。卵は直径約1mmの丸くて黄色い粒です。

幼虫はイモムシで、葉を食べます。若い幼虫と成長した幼虫では、体の色や模様が異なります。若い幼虫は、黒褐色の地色に白色と

橙色の斑点があります。色や模様が鳥のふんに似ています。成長した幼虫は、緑色の地に黒色と橙色の斑点があるけばけばしい模様になります。つつくと、刺激臭のある橙色の角を出します。卵と幼虫を捕殺します。

⑥コオロギ

夏まき栽培では、夜間にコオロギが発芽したばかりの芽を食べます。とくにたねまき後、雨が降らないとすこしずつ発芽するので、ニンジンの芽が次々に食べられます。発芽不良のようにも見えます。いまのところ、コオロギを防ぐ方法はありません。たねまき後すぐに防虫ネットでトンネル被覆しても、コオロギが土の中にいるからです。発芽後半月以上経過すればニンジンの茎が硬くなるので、コオロギの被害はなくなります。

次に、参考になればと思い、私の失敗例を付け加えます。コオロギの対策として、かん水して一斉に発芽させてみようとしました。そうすれば、コオロギが食べきれないうちに茎が硬くなると思ったからです。そこで、数平方メートルくらいの面積にかん水しましたが、逆効果でした。ミミズなどが地面を歩き回り、種子がうき上がってしまいました。かん水するならば、広範囲にしたほうがよいと思います。

⑦ノウサギ

夏まき栽培では、冬にノウサギがニンジンの葉を食べます。ニンジンの株元にふんがあるので、ノウサギのしわざであることが分かります。葉が食べられると、ニンジンの品質が悪くなるのではないかと心配になりました。その一方で、冬季に温暖で雨が適度にふると、ニンジンは太り過ぎて割れます。この対策として、摘葉（葉を摘む）しようかと思いましたが、同時にノウサギに葉を食べさせることを思いつきました。そこで、ノウサギの食べ方を観察したところ、さかんに光合成をおこなっているような元気な葉を食べることが分かりました。心葉は食べません。根も食べません。ノウサギが葉を食べた結果、ニンジンが太くなるのが抑えられたように思われましたので、このことをヒントに、ウサギがあらわれないときは、心葉を残して元気な葉を適当に刈ります。

❹ サトイモ

サトイモは東南アジア原産で、湿り気のある肥沃な畑に適しますが、それほど場所を選ばずに作れます。しかし、水はけの悪いところではよくできません。おもな害虫は、スズメガ、ハスモンヨトウ、ミナミネグサレセンチュウです。スズメガの幼虫は大発生すると大きな被害を出します。しかし、順調に育っているサトイモ畑には、多くの天敵（テントウムシ、カエルなど）がいて害虫の被害を抑えています。

(1) 作り方

①畑の準備と肥料

元肥は春ダイコンと同様ですが、定植半月前に発酵鶏ふん2kgと堆肥をやります。施肥溝の間隔は120〜180cmです。

また、一般に多収穫をねらう栽培では、肥料を多くやりポリマルチをします。草丈が2mくらいに育つこともあります。しかし、茎

葉を大きく育てても収穫がそれにともなって多くはならないので、とくに多肥で栽培する必要はないと思います。

②定植、栽培管理

品種は地域ごとに適したものがありますが、火山灰土の畑では品種名「土垂」（どだれ）が適しています。4月下旬から5月上旬に定植します。種いもには、中くらいの大きさの子いもを使います。前年に育った親いもを数個に分割して植えることもできます。

株間は60cmで、いもの芽の付け根が深さ約10cmになるように植えます。土寄せは子いもを増やすためにおこないますが、省略してもよいです。土寄せするならば、浅く水平に伸びている根を切らないように注意します。

芽が次々と出てきたら梅雨時期に追肥をやります。株のわきの地表面に10m当たり発酵鶏ふんを2kgやって鎮圧します。

また、一般的に乾燥期にはかん水がすすめられているので、2、3回やってみたことがあります。しかし、食感がぞくぞくしたいもになりました。かん水をしない方が小ぶりながら、食感も風味も良いいもがとれます。

③収穫と貯蔵

霜が降りる前の、10月下旬に収穫します。いもは水はけの良い所で貯蔵します。温暖な地方では掘り上げず、株元から葉を切って土を厚くかぶせれば貯蔵できます。

穴に貯蔵する場合は、深さ60cm以上の穴を掘り、底にもみがらを敷いていもを置き、地面のレベルまでもみがらをつめます。わらを屋根型にかけ、土をのせます。種いも用には、子いもを親いもに付けたまま埋めます。最後に、かんたんな雨除けをします。私は、もみがらを野菜出荷用の大型の網袋に入れ、平らにして使います。わらの代わりにもなります。こうすれば、翌年もそのもみがらを使えます。いもの貯蔵方法は地域ごとに少しずつちがいますが、覚えておきたい技術です。

(2) おもな害虫と防除対策　（口絵21、22）

①スズメガ

スズメガの幼虫は葉を暴食して大きな被害を出します。スズメガは卵を一つずつ離して産みます。幼虫は一匹ずついるので、小さいうちは見つけにくいです。

熟齢幼虫（じゅくれい）（成長しきった幼虫）は、体長が5cm以上になります。幼虫の尻部に長さ1cmくらいの角があります。スズメガはBT剤で若齢幼虫のうちに防除します。

成虫は6から9月まで2回現れますが、1回目の侵入を防げば、それ以降被害はほとんど出ません。サトイモの葉は、葉柄（木刀に似た部分）と葉身から成っています。もしも葉身が食べられて葉柄だけになっても光合成ができるので、小さいながらもいもは付き、味がおちることはありません。

②ハスモンヨトウ

ハスモンヨトウの幼虫集団に葉が食べられると茶色く汚れます（**口絵21、22 → iv頁**）。体長2cmくらいまでに見つけて捕殺します。ふつう、侵入初期の害虫の卵や幼虫の集団は、太陽の光をほぼ直角に受けている大きくて元気な葉の裏で見つかります。

③ミナミネグサレセンチュウ

センチュウに寄生されると、茎葉の生育が

悪くなり、収穫量が減ります。対策として、マリーゴールドやラッカセイの輪作が効果的です。

⑤ ネギ

ネギは栽培期間が長いので、生育に適する季節とそうでない季節があります。ネギやカボチャなどは、梅雨があける前に根を張らせます。病虫害が出たり、自然に回復したりします。ネギのおもな病害虫は、べと病とヨトウムシ、ネキリムシです。

ネギには種子をまいて作る一本ネギと、株分けして作るネギがあります。ここでは、前者に近い「九条太ネギ」の栽培について述べます。これは京都地方のネギです。なお、ほかにも株分けするネギ（在来種）があります。

(1) 作り方（九条ネギ）

①たねまきと育苗

たねまきは4〜5月です。たねまきの1ヶ月前に苗床をつくります。苗床1m²当たりにぼかし肥約200gと堆肥約1kgを入れて深さ約10cmまで土に混ぜます。その周りをアゼナミ（水田の周囲にさして、水もれを防ぐ資材）で囲います。

たねまきの当日に苗床を鎮圧し、ティースプーンなどを使って約15cm間隔で深さ約1cmのみぞを作ります。そこに約2cm間隔で種子をまき、まき溝を埋めて鎮圧します。また、バラまきする場合は、2cmくらいずつはなしてまき、約5mm覆土します。その後、土が乾燥したときはかん水します。

②畑の準備と肥料

元肥はサトイモと同様です。施肥溝の間隔は120cmです。肥料は、梅雨期から効かせます。

③定植

6月に施肥溝の隣に深さ約10cmの植え溝を掘り、約20cmに育った苗を定植します。苗を2、3本ずつ株間約10cmに植えます。約2cm覆土し、その上に根付け肥をやります。そして、溝の中を歩いて足で鎮圧します。地下足袋が適しています。根付け肥は、うねの長さ10m当たりぼかし肥を約300gです。最後に通気材料として堆肥を置きます。

また、深くまで肥よくな畑であれば、白身の長いネギが作れます。株間約3cmで、1本ずつ15cmの深さに植えます。3回以上の追肥と土寄せが必要です（図2-1）。

図2-1　ネギの土寄せ

ネキリムシの被害が心配なときは、アゼナミをうねの周りに設置します。

④除草、追肥など

盛夏中に除草したいならば、うねの東側または北側を除草します。追肥は、9月中旬以降に根付け肥と同様にやります。同時に植え溝のとなりの土を掘って少しずつ植え溝に入れ（土入れ）、最終的に植え溝を埋めます。ネギの根はとくに酸素を欲しがって、上方に伸びます。

土入れは、分けつさせたければ遅くおこない、分けつを押さえて長いネギにしたければ、早めにおこないます。

ネギは夏の高温乾燥期には成長しません。土が乾いていると有機質肥料を追肥しても効きませんので、秋口の雨を待って作業をするのがよいです。

⑤収穫

晩秋から春にかけて収穫します。葉ネギはふつう60cmくらいで収穫しますが、小さい（約40cm）ものから食べられます。ふつう、ネギは定植した翌年の夏に花が咲いて枯れますが、九条ネギは花が咲いても枯れずに分けつを続けます。追肥をして維持すれば、前年とちがった時期に収穫することも可能です。ねぎ坊主（ねぎの花）は、花の首から取り除きます。また、ねぎ坊主は、アブなど天敵のえさを供給するので一部残します。

なお、ネギは分けつしてから葉が8枚出ると次の分けつが始まるので、8枚出る頃に収穫すると、そろいの良いネギがとれます。

（2）おもな病害虫と防除対策

ネギには病害虫が多いですが、収穫時期を冬中心にすれば生育途中の被害はそれほど心配することはありません。生育が悪いときには、根の病害虫のチェックも必要です。根腐れを起こしていたら、抜いて深い穴に埋めます。

①カブラヤガ

定植苗がカブラヤガ（幼虫は、ネキリムシ）にかみ切られて中間で折れ、無残な姿になります。

また、ポット苗を定植した場合、それを見つけたネキリムシは、ネギの植え溝にそって移動して連続的に加害します。ポット苗とは、紙製の小さなポットに種子をまいて育苗したものです。補植用に苗をとっておくことも必要です。

②ヨトウガ

ヨトウムシ（幼虫）の食べ痕は、葉をむしったように見えます。筒状の葉の中にいるので捕殺します。

また、ヨトウムシよりもずっと小さいネギコガがいて、葉を食べて汚します。葉の表面に網にくるまれた約1cmのさなぎがいたらつぶします。

③ネダニ

生育不良になり、葉が不正形に出てくる症状は、ネダニの疑いがあるので抜いて根をよく見てください。白い小さな粒が根の付けねにたくさんいれば、ネダニのしわざです。対策は、苗床、本畑ともに連作を止めます。株分けで増やすネギであれば、一番外側の枯れ

第2章　有機無農薬栽培の実際　23

かかっている葉を根元までむいてから植える
と、ネダニや他の害虫も取り除けます。また、
ネダニにかじられた傷などから、なんぷ病が
発生することがあります。この病気によって
ネギ特有の臭いが出ますので、抜いて深めの
穴に埋めます。

また、ネダニの症状に似ていて、黄色や白
色の縦すじがあればウイルス病です。

④その他

ネギの緑葉部には、このほか、べと病やさ
び病が発生します。これらの病気やネギアザ
ミウマ【種名】に加害されると、その後にな
おってもネギの葉の色が抜けて生気が無いよ
うに見えます。しかし、食べるには問題あり
ません。ネギアザミウマというのは、成虫が
体長約1mm、淡黄色または淡い茶色で紡錘形
の虫です。

また、品種の違いによって葉の緑色に濃淡
がありますが、いずれも表面はロウ物質で覆
われています。これはネギが分泌する物質で
あり、厳しい環境のときや病気などから身を
守るためのものです。

❻　カボチャ

カボチャはウリ科野菜で、キュウリ、スイカ
なども同じ科です。カボチャはカロチンを多
く含む緑黄色野菜で、栄養価が高いです。収
穫後涼しい所に置けば比較的長期間貯蔵でき
ます。無農薬栽培ではウリハムシの対策が必
要です。

ここでは直播栽培について述べます。

（1）作り方（直播栽培）

①畑の準備と肥料

元肥は、春ダイコンと同様です（p.13、右）。
施肥溝の間隔は3〜4mです。株間は120cm
です。3〜4本仕立てと親づる1本仕立てが
あります。草刈り機で除草するならば、親づ
る1本仕立てにします。

②たねまき

カボチャは一般に移植栽培ですが、ここで
は、直播栽培について述べます。5月上中旬
に種子をまきます。カボチャの種子の発芽に
は、25〜30℃の高温が必要です。種子をま
いた後にポリフィルムのトンネルなどで保温
します。ただし、地温が35℃以上にならない
ようにします。温度のチェックには、土にさ
せる棒状の温度計が便利です。

1カ所に1、2粒まきます。深さ約2cmの
穴に種子をまき、覆土して鎮圧します。カボ
チャの生育適温は、20℃くらいなので、発芽
後、本葉が数枚出たらポリフィルムのトンネ
ルをはずします。ウリハムシの対策は、葉が
8〜10枚になるまで防虫ネットをべたがけ
します。株数が少ないときは、野菜出荷用の
ネットをかぶせます。ネットのすその下の土
を浅く掘り、その土をネットのすその上にの
せておさえます。

③整枝

苗は間引いて1か所1本にします。放任
（整枝や芽かきをしない）でも実はとれます
が、整枝について述べます。株元からおよそ
10〜20枚目の葉のもとに咲いた雌花に良い
実がなります。一般的に、この間に出るわき

芽は、雌花を傷つけないように注意して取り除きます。わき芽をとるには、わき芽の一枚目の葉の付け根で折るとうまくとれます。本葉20枚目以降からは放任にします。花つけ（人工受粉）をするならば、午前8時までにおこないます。

また、葉が10枚以上になってからつるの伸びがわるく、葉の色が黄色っぽいときは、ぼかし肥を追肥します。株元から半径約50cmの範囲の地面に、1株当たり手にひとすくいまきます。

④除草など

草刈り機で数回除草すると、メヒシバだけになります。カボチャは葉が大きくてメヒシバには負けないので、メヒシバはそのまま生やします。とくに、株元や果実に強い日ざしが当たるとそこからいたみやすいので、注意します。カラスが実をつつくことがあるので、畑につり糸を張ります。

⑤収穫

開花後40日頃に果実の付け根が褐色にコルク化してから収穫します。

（2）おもな病害と防除対策

根が弱るとうどんこ病が発生しやすくなります。うどんこ病は、葉に白色の粉が付き、葉が早く枯れます。収穫量が減ります。

❼ ピーマン

（口絵35 → vi 頁）

ピーマンはナス科野菜で、トマト、ジャガイモなども同じ科です。ピーマンの害虫はカ

ブラヤガ、ホオズキカメムシなどです。栽培期間全体にわたって多発するので捕殺します。また、アブラムシの天敵のヒメカメノコテントウがピーマンの上でよく見られます。

夏の高温、乾燥に強い品種名「甘長トウガラシ」や「京波」をつくっています。これらの品種はタバコガの被害がほとんど出ません。実が軽いので、枝の傷みが少ないです。また、青枯病などナス科特有の病気も少ないです。青枯病は真夏に多く、はじめ枝の先端の葉がしおれ、実が小さいうちに落ちます。その後急に株全体がしおれて枯れます。

（1）作り方

①畑の準備と肥料

元肥は春ダイコンと同様ですが、定植の半月前に溝施肥します。施肥溝の間隔は120cmです。

②定植と施肥管理

5月に定植します。植える本数が少なければ、市販の苗を利用します。私は友人から京都特産的野菜の「万願寺トウガラシ」の苗を分けてもらっています。

定植する前に、苗に十分にかん水し、育苗ポットの土の表面が乾いてきたら定植します。株間は40cmです。一般的に市販のポット苗の用土は水はけが良すぎます。定植後乾燥しやすいので、これを防ぐため、ポットの土の上部を適当に1～2cm取り除き、畑の土を入れます。定植後、ネキリムシガードで苗を囲みます。

追肥は、肥料の分解期間を考慮してやります。1回目の追肥は、定植と同時におこない

野菜カフェ　1
野菜の花を咲かせるか、咲かせないか

　どの野菜にも花が咲きますが、花が咲かないように育てる野菜と、咲くように育てる野菜があります。前者の野菜は、ダイコン、ホウレンソウなどのように根や葉（栄養器官）を収穫します。後者の野菜は、カボチャ、ブロッコリーなどのように花が咲く体制に育てて果実やつぼみを収穫します。

　ホウレンソウとカボチャを例に説明します。ホウレンソウは秋に種子をまくと花芽ができ、翌春に日長が長くなると、とう立ちして4月に花が咲きます。3月に花芽の成長が進むと味がおちるので、その前に収穫します。秋まきホウレンソウは10月中旬に種子をまきます。私は秋に害虫がいなくなってから種子をまきます。しかし最近は、10月中旬になってもホウレンソウの害虫（例、シロオビノメイガ、ハダニ）がいるので、10月25日頃に種子をまく年が多くなりました。この頃にまくとホウレンソウの成長が遅れるので、保温する必要があります。じっさいには、11月からポリトンネルをかけます。

　カボチャは高温、長日条件で、しかも栄養条件が良いときに良い花が付きます。長日条件とは、日長時間が12～14時間以上です。品種によって違いがありますが、種子の袋の裏に、このことをふまえてたねまきの時期が書いてあります。

　旬の野菜のたねまきの適期は、案外短いのです。

　なお、この本の野菜の作り方は、野菜の性質にそった安全な栽培方法です。栽培方法を変えてみて、じっさいにどんな育ち方になるかを見ることも有意義です。その結果に至った原因が分かれば興味が深まります。

ます。追肥は、苗をはさんで元肥を入れた反対側に苗から約20cmはなし、深さ10cmくらいの穴を掘って入れます。このようなやり方を待肥（まちごえ）と言います。その量は、1株当たり発酵鶏ふんを片手にかるく一すくいです。2回目以降の追肥は、1カ月に1回、ちがう所に穴を掘って同様におこないます。ぼかし肥も使えます。ぼかし肥は土に優しく、はやく効きます。なお、追肥をやろうとして掘った穴に根が到達していたら、それよりもやや遠くに追肥をします。

③整枝と摘果

　最初の花のあたりから出る枝を2本のばし、主枝とあわせて3本仕立てにします。支柱を立てて枝を固定します。一番下の枝より下のわき芽は除去します。その後、ほとんど放任で枝を伸ばしますが、収穫のときに枝がこんだところや弱小な枝を除去します。

　定植してから苗の生育がおうせいになるまでは、実が小さいうちに収穫します。着果負担を減らして、根張りを良くするためです。その後ピーマンは夏の暑さに負けず、成長します。そして、少しくらいカメムシがいても問題なく収穫できます。茎から木くずのようなものが出ていたら茎の中に害虫がいます。

(2) おもな害虫と防除対策 　（口絵3 → ii 頁）

①アブラムシ

アブラムシがウイルス病を媒介します。ウイルス病にかかると、株が萎縮して実がつかなくなります。あるいは、実が育たず茶色に変色します。ウイルス病にかかった株は、抜いて焼却します。

②オオタバコガ、アズキノメイガ

オオタバコガの幼虫が実や茎の中に入って加害します。実の中が変色してくずれます。オオタバコガの成虫は夏から9月にあらわれます。この虫の有力な天敵はいないようです。

熟齢幼虫の体長は約3.5cm、体色は緑色や茶色などさまざまで、まばらに毛が生えているように見えます。この虫は、米ぬかのようなふんを茎や実の穴から外に出します。そのあたりで茎や実を切ると中に幼虫がいます。

また、アズキノメイガはオオタバコガによく似た被害を出します。いずれも捕殺します。

ここで、トマト栽培の難しさについてふれます。トマトはオオタバコガと疫病の被害が多発します。オオタバコガによって茎や果実に穴があけられます。疫病によって果実が落ちます。雨の跳ね上がりで病原菌が広がりますので、雨よけ栽培にする必要があります。

③ホオズキカメムシ

ホオズキカメムシはピーマンの茎から汁液を吸います。多数のカメムシがつくと樹勢が弱まり、収穫量が減ります。成虫の体長は約1cm、体色は灰褐色です。幼虫は成虫とほぼ同じ形ですが、羽が無く、体全体に白い粉がついています。成虫と幼虫が集団で株のあち

こちにいます。

卵は葉の裏に数十粒かためて産み付けられます。卵は光沢のある茶色で、大きさはごま粒の半分くらいです。

整枝作業時や収穫時にカメムシと卵を捕殺します。カメムシをつかむと独特のくさい臭いを出します。つぶすことが苦手な人は、手なべの中に水と中性洗剤を入れて混ぜ、カメムシのいる茎葉をたたいて手なべの中に落とします。カメムシの卵は、つめで葉からはがします。なべの中に入らなかったカメムシは下に落ちて逃げます。しかし、数日後には茎にのぼってきて、再び群れをつくります。

なお、カメムシが死ぬのは、おぼれるからです。昆虫には腹部に呼吸孔があり、通常は虫が分泌する脂質で保護されて水をはじいていますが、中性洗剤で脂質が溶け、呼吸孔から水が侵入します。

❽ ナス

連作を避け、土壌病害を防げば作りやすい野菜です。ナスには、アントシアン、ポリフェノールといった機能性の成分が含まれています。おもな害虫は、ニジュウヤホシテントウ、アブラムシ、チャノホコリダニです。ニジュウヤホシテントウに強い品種は、「中長ナス」、「黒陽（こくよう）」です。

(1) 作り方

①畑の準備と肥料

元肥は春ダイコンと同様ですが、定植半月前に溝施肥します。施肥溝の間隔は120 ～

180cm です。

②定植と施肥管理

定植は霜が降りなくなる5月です。ナスは育苗期間が長く温床を使うので、少数ならば購入する方がよいです。株間は60cmです。ピーマンと同様に追肥をします。ナスは、めしべの長さで株の栄養状態が分かります。めしべの長さが、おしべと同じかやや長いくらいが適当です。めしべは花の中央に1本あり、おしべはそれを取りまいて密着しています。

ナスは石灰とマグネシウムを欲しがる野菜ですが、発酵鶏ふんともみがら牛ふん堆肥をやればふつう不足することはありません。

③整枝、収穫など

ピーマンと同様に主枝3本仕立てにします。その後、収穫しながら勢いの無い枝や垂れ下がった枝を除去します。収穫が遅れた実も取り除きます。

また、うね間や通路が広くとれれば、2本仕立てにします。この場合は、棒をうねの方向に直角に×字型に組んで支柱にします。支柱の交点に棒をさし渡して補強します。

収穫期間は7月から10月です。側枝に付いた実は、その枝に葉を2枚残して枝ごと切って収穫します。

収穫が最盛期を過ぎた頃に、株が弱って実の品質が落ちてきたら株全体を半分以下に切りつめ、新たに芽を出させるという方法があります（更新剪定）。その頃は、根の勢いもなくなっているので、同時に枝の数を減らします。しかし、新しく出てくる葉芽がナスノミハムシ【種名】によってぼろぼろにされてしまうことがあるので、注意が必要です。ナ

スノミハムシはコガネムシの仲間で、体長1mm、体色は青藍色です。また、更新剪定をするとこの虫が新葉を暴食することが多いです。そこで私は、株の下の方ですでに葉を5枚くらい付けている元気な枝を伸ばします。それ以外の古い枝は除去します。

なお、台風などで天気が荒れ模様のときは実を取り除いて、枝がいたむのを防ぎます。

（2）おもな害虫と防除対策

①アブラムシ

テントウムシを保護して、アブラムシの繁殖を抑えます。

②アズキノメイガ

ピーマンと同様に捕殺します。

③チャノホコリダニ

このダニは5月から10月まで発生し、高温、乾燥条件で増えます。非常に小さいダニで、ふつう肉眼で見つけることは困難です。ナスの新芽の伸長が止まり、新葉が小さくなったり、奇形葉になったりします。果実は白化して大きくなりません。被害は盛夏から出ますが、秋口から目立つようになります。

対策は、葉の裏表によく水をかけます。

9 ラッカセイ

ラッカセイはマメ科作物で、エンドウ、インゲンマメなども同じ科です。ラッカセイには良質な脂質とたんぱく質が多く含まれています。

水はけの良い、土層の深い畑で良くできます。そうでない畑でも、完熟堆肥を入れればできます。ラッカセイは土壌センチュウの増加を抑え、野菜の連作障害の防止にも効果があります。

また、ラッカセイは省力的な作物です。労力不足や農地管理上、ラッカセイの栽培は好都合です。

農家は10月に掘り上げて畑に積み、2か月間冬の季節風にあてて乾かします。この積み上げたものを、「ラッカセイのボッチ」といいます。このようにゆっくりと乾燥した豆は脂質の変質がなく、おいしい豆になります。

(1) 作り方

地上部がよく育っているわりに収穫量が少ない場合は、おもにリン酸の不足が原因です。また、カルシウムが不足するとさやの形成がわるくなり、良い豆ができません。私の家では以前から、「ナカテユタカ」を作っています。この品種は肥料が少なくてすみ、生育が良いからです。これに比べて大粒品種の「オオマサリ」は肥料が多く必要で、栽培が難しい品種です。ふつう、「ナカテユタカ」は熟した豆をローストして食べ、「オオマサリ」は未成熟の豆をゆでて食べる（ゆで落花生）ことが多いです。目的にそった品種を選びましょう。

①畑の準備と肥料

元肥はサトイモと同様です。施肥溝の間隔は120cmです。

②たねまき

5月中下旬に種子をまきます。それまで、種子はさやの中に入ったままで保存します。株間30cm、1か所に1、2粒まきます。深さ約2cmの穴に種子をまき、覆土して軽く土をおさえます。鳥が発芽中の種子や若い葉をねらうので、種子をまいてから本葉が10枚くらい出るまで防虫ネットをかけます。

③除草

ラッカセイが開花するまでに2、3回除草し、それ以降は除草をひかえます。開花後、子房柄（つる状で、その先端がふくらんでさやができる）が地面に入っていくので、除草作業中、あやまって子房柄をひっぱらないためです。

④収穫

10月下旬に掘り上げ、ハウス内などで半月くらい乾燥させます。鳥や獣に食べられないように、防虫ネットなどでしっかりとくるんでおきます。さやが乾いたら冷暗所で貯蔵します。

(2) おもな病害虫と防除対策

①カラス

カラスは畑にまいた種子を掘り出して食べます。カラスよけには、うねにそって釣り糸を高さ約1mにはります。

茎腐病で落葉すると土中のさやが見えるようになり、それをカラスがつつくので、土で覆ってかくします。収穫期が近づいた頃は注意が必要です。茎腐病そのものは毎年わずかながら発病し、葉が落葉してさやが腐ります。防除しなくても広がることはありません。

②土壌センチュウ

ラッカセイの根にキタネコブセンチュウが寄生すると、根がふくらみ、粒が付きます。生育が悪くなり、収穫量が減ります。対策は、連作を止めます。

ここで根粒（こんりゅう）についてふれます。ラッカセイの根には根粒が付き、ラッカセイの生育を助けます。根粒を割ると中が赤色をおびています。センチュウの寄生によってできた粒は中が白いので区別できます。

③褐斑病（かっぱんびょう）

葉、茎、子房柄（しぼうへい）に発生します。葉に黄褐色の斑点が生じて落葉し、茎は倒れます。この病気は、センチュウの寄生によって草勢が弱った株に多発します。雨が多い年に多いです。

⑩ モロヘイヤ

モロヘイヤは栽培に手間がかからず、夏の暑さや乾燥に負けない強い野菜です。とても栄養のある野菜で、カルシウム、鉄のほかに食物繊維が豊富です。わが家では、夏に栽培がむずかしい野菜に代わる大切な野菜です。

モロヘイヤの害虫はコガネムシとオンブバッタです。いずれも葉を食べます。コガネムシはふんで葉を汚します。

(1) 作り方

モロヘイヤはふつう移植して栽培しますが、ここでは直まき栽培について述べます。

①畑の準備と肥料

元肥は、春ダイコン（p.13、右）と同様です。施肥溝の間隔は120cmです。

②たねまき

6月初めに種子をまきます。株間40cm、1か所に約8粒まきます。ネキリムシガードを設置してから種子をまきます。種子と種子の間隔は、1cmくらいにします。約5mm覆土します。覆土は、土を押さえた状態での厚さです。発芽するまでに土が乾燥したらかん水します。

発芽後、茎葉はゆっくりと成長しますが、直根が発達し、夏の乾燥に耐えます。

③間引きと防除

本葉10枚頃に、生育の良い苗を1か所に2本残して他を間引きます。その後、草丈が約40cmになったらそのうちの1本を摘心（茎の先端を摘む）します。もう1本を摘心しないのは、コガネムシ対策です。こうすると、その後コガネムシはおおむね草丈の高い株の葉を食べるので、摘心したほうの株の被害が減ります。摘心しないとモロヘイヤは3m近くまで伸びます（図2-2）。

図2-2　摘心しなかったモロヘイヤ（9月）

④収穫

枝の先端部分を収穫します。枝に葉を1～2枚残しておけば、順次わき芽が出て収穫で

きます。

（2）おもな害虫と防除対策　（口絵4→ii頁）

　マメコガネとヒメコガネの成虫が、夏から秋に葉を食べます。マメコガネの成虫は体長約1cm、体色はメタリックな茶色で、見る角度によって金緑色になります。ヒメコガネは体長約1.5cm、体色は緑色または青色です。コガネムシは、コガネムシの食べ痕とふんに集まる性質があります。

　幼虫はいずれも体長数センチのイモムシで、体色は乳白色、頭は茶色です。土の中の有機物や野菜の根を食べて育ちます。

　また、施肥溝を掘っていると、小さな黒色のハエや黄色のツチバチが集まってきて、溝の上を行ったり来たりして飛びます。捕虫網を持ち、走って採集しようとしても捕まりません。人が近づかないと、土の上に止まっています。ツチバチは、コガネムシの幼虫に寄生する天敵です。かつて、戦争中に南の島で、サトウキビがコガネムシの被害にあったときに、このツチバチを島に放して防除に成功したという記録があります。ツチバチは、アシナガバチに色も大きさもよく似ていますが、腹部が太くて長いのが特徴です。よくソバの花にいます。コガネムシの天敵ですから、そのままにしておきましょう。また、クワで畑を掘っていたときに、ツチバチの成虫が土の中にいました。有機無農薬で、部分的な不耕起栽培にしてから初めて見ました。

⓫ ダイズ

　ダイズには良質なたんぱく質が多く含まれているので、ぜひ栽培したい作物です。ダイズの害虫はコガネムシ、カメムシなどです。コガネムシは葉を加害し、カメムシは未熟な豆を加害します。ダイズの花は長期にわたって少しずつ咲き豆も少しずつ熟すので、被害は長期間にわたります。

　無農薬で豆をとる栽培はむずかしいと言われています。じっさいに、無農薬栽培だと半数以上が虫食いの豆になります。収穫後、くず豆を取り除くために多くの労力や精神的な負担感があります。そこで、防虫ネットのトンネルをかぶせました。その結果、くず豆がほとんどなくなりました。くず豆を取り除く苦労を思えば、防虫ネットによる防除の方が確実で省力的です。

（1）作り方

　品種は、自県および近県の在来種と「フクユタカ」（改良種）を使います。ここでは在来種の栽培について述べます。私は害虫の被害が比較的少ない6月下旬から7月に種子をまきます。品種は、在来種、改良種ともにその地方に適したものがあるので、それを使います。一般的に、在来種は草丈も枝も長く、改良種は草丈が短くてほとんど枝が出ません。在来種のほうが甘みや風味に富んでいると思いますが、それぞれ個性があります。改良種は倒れにくく、機械化栽培に向いています。

　なお、種子の入手についてですが、在来種は直売所で売られている豆が使えます。無い場合はそこに出荷している農家やJAに相談するとよいでしょう。また、えだまめ用には、いろいろな品種が販売されています。

①畑の準備と肥料

　元肥はサトイモと同様です。施肥溝の間隔

は180cmです。トンネルの間で草刈り機を使うならば、240cmにします。

ところで、畑の準備のときにクワを使っていると、虫の幼虫やさなぎが見つかります。体長2cmくらいのさなぎは、ヨトウムシやネキリムシのさなぎです。

②たねまき

1条まきで株間30cm、種子を1か所に1〜2粒ずつ、深さ約2cmにまきます。覆土し、クワの背で軽く土をおさえます。ハトなどに芽が食べられないように、すぐに防虫ネットをべたがけします。

③間引き

本葉が5枚の頃に間引いて1本立ちにします。なお、ダイズの葉は子葉の次に初生葉が2枚出て、その次に本葉が出ます。本葉は、3つの小葉からなる複葉です。

④防虫ネットのトンネル被覆

(ア) 被覆期間

たねまき後にかけた防虫ネットは、子葉が黄化したらはずしますが、最近、その後も葉を食べる鳥（キジらしい）がいるので、7月下旬までネットをかけます。

7月下旬までに摘心や除草をおこなって、その後防虫ネットでトンネル被覆しますが、10月末までトンネルをかけます。

ダイズの花は8月中旬から咲きます。白色または紫色の小さな目立たない花で、葉のつけねに付きます。さやがつき始めるとシンクイムシが飛来するのであわせて防除します。

(イ) トンネル資材と被覆方法

防虫ネットは幅2.7m、心枝は長さ2.7mのものを使います。トンネルを高くしたいので、長い心枝を使います。幅1mのうねとし、その両端に心枝をさします。トンネルの高さは約80cmになります。心枝の間隔は約3mです。また、幅の狭いうねで大きな心枝を使うときには、うねの方向に対して斜めにさします（図2-3）。

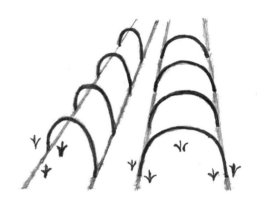

図2-3 心枝のさし方（例）
注 うね幅は、左図が0.8m、右図が1m

トンネルの心枝と心枝の中間に、ダイズよりもやや成長の速いマリーゴールド（例、メキシカンマリーゴールド）を適当に植え、トンネルの高さを保ちます。

トンネルの資材費についてですが、心枝は、長さ270cm、太さ1.1cmのものが、単価100円くらいです。防虫ネットは、幅270cm、長さ100m、銀糸入りのものが単価17,500円くらいです。これらの資材は、他の野菜にも使えて5年以上もちます。大型ホームセンターなどで扱っています。

⑤仕立て方

(ア) 摘心

トンネル内の空間を有効に利用するために

摘心します。在来種は本葉5枚、改良種は本葉7枚が目安です。その後、枝がこんできたら適当に枝ごと間引いてエダマメで食べられます。

（イ）除草

トンネルをかぶせる前に雑草の地上部を数回刈ります。

（ウ）倒伏防止

在来種は倒伏しやすいので、株と株を葉柄で結びます。一つおきの株の側面を結びつけるくらいでよいです。

⑥収穫

さやが茶色になり、ふって音がしたら刈り取ります。豆がさやからはじけないように、午前中に作業をおこないます。在来種は熟すと豆が落ちやすいです。さやを収穫して、鳥獣に食べられないようにネットにくるみ、半月間乾燥させます。

なお、収穫した豆のなかには、わずかに「硬実」が含まれています。ふつうの豆の半分以下の大きさです。硬実はまいてもその年には発芽しません。なぜ、こんな豆があるのかというと、異常気象等で子孫が絶えるおそれがあるので、豆の発芽の年をずらしているのです。ふつうに水にひたしてから煮て食べられます

（2）おもな害虫と防除対策　（口絵5～8）

シンクイムシ、カメムシなどは、トンネルをかぶせればほとんど防除できます。しかし、8月と9月は1週間に1回、トンネルを棒などでかるくたたいて害虫を探します。私は東西方向にうねを作りますが、ガやコガネムシは夕方にトンネルの西側の端に集まってくる

傾向があります。この習性を利用して西側を中心に害虫を探します。トンネルの中なので、いずれも数は少ないです。

また、ダイズは、べと病にかかります。葉が黄色に変色して、カビが生えます。べと病によって収穫量が減ります。対策として、うね間を広くして風通しを良くします。

①コガネムシ

マメコガネとヒメコガネの成虫が、8月から葉を食べます。コガネムシの成虫は体が硬いので、トンネルの心枝に押しつけてつぶします。

朝、成虫は株元にうずくまっていますが、夕方には活発になってトンネルの天井や心枝にはい上がります。この時に捕殺します。

②アブラムシ

アブラムシによって葉が縮れて小さくなり、黄変します。葉が甘露（アブラムシの排泄物で、おもに糖分）で光ります。豆の肥大が悪くなります。テントウムシをトンネルの中に入れて防除します。

③シンクイムシ（サヤタマバエ、メイガの幼虫）

シンクイムシは、体長数ミリくらいのイモムシで、くず豆の原因になります。被害にあったさやはほとんど育たずに茶色に変色するか、豆の数が少ない奇形のさやになります。

成虫はダイズサヤタマバエ【種名】、シロイチモジマダラメイガ【種名】などです。止まっている成虫（ガ）は体の長さが1cm以下で細く、羽の色が濃い茶色です。ガがいたらネットごとつまんで殺します。葉ごとつかん

だときは、ネットといっしょに揉んで殺します。ネットは丈夫なので破れません。

夕暮れ時はガが交尾する時間帯であり、トンネルの天井に飛び上がって逃げますのでそれをつかみます。一方、日中は捕まえるのに失敗すると、ガは株の下の方に逃げてしまいます。

④カメムシ

カメムシはトンネルをかぶせて防除します。ホソヘリカメムシによってくず豆が発生します。成虫は体長約1.5cm、全体が茶色で、体が細長いのが特徴です（口絵5→ii頁）。この成虫は飛ぶのが早く捕まえにくいので、幼虫を捕殺します。

⑤ハスモンヨトウ

ハスモンヨトウの幼虫は、9〜11月にダイズの葉を食べます（口絵6、7→ii頁）。成虫（口絵18→iv頁）は、よく茎の先端の葉に卵を産みます。10月まで産卵します。

幼虫が分散した後は、トンネルの外からその範囲にBT剤を散布します。

なお、秋の気温の低下がおそい年は、10月中旬以降にもハスモンヨトウの幼虫がいますが、収穫量への影響はほとんどありません。

ここで、なぜ防虫ネットのトンネルのなかでガが卵を産むのかについて考えてみました。卵を産む前に交尾しますが、一つのトンネル内で、雄、雌がそれぞれ1匹以上羽化することが不思議です。トンネルの外で交尾した雌のガが、トンネルの中に侵入したとしか考えられません。その証拠に、ハスモンヨトウの若齢幼虫が集団で葉を食べています。次に述べるヨモギエダシャクの若齢幼虫は集団には

なりませんので、トンネルの外側でふ化した幼虫が、トンネル内に侵入することが考えられます。また、アブラムシは単為生殖をするので、トンネルの中に一匹以上いれば繁殖が続きます。単為生殖とは、雌だけで繁殖することです。

⑥ヨモギエダシャク

ヨモギエダシャクの熟齢幼虫は、体長が5〜6cm、体色はくすんだ緑色です（口絵8→ii頁）。8〜10月に葉を食べます。見つけたら葉の間にはさんでつぶします。動きが非常に遅いので、他に害虫がいればそれを捕殺してから、ヨモギエダシャクを捕殺します。

成虫はガで、止まっているときの羽の幅が5〜6cm、羽の色は茶色と灰色の細かな横縞模様です。9〜10月にトンネル内にいることがあります。早朝に防虫ネットと葉の間に止まっていることがあります。トンネル内で羽化するガのなかでは、これが一番大きなガです。

（3）防虫ネットのトンネル内に天敵を入れる

長期間トンネルをかぶせるとしばしば思わぬ害虫が発生します。これらは捕殺するほか、クモ、テントウムシ、アマガエルをトンネル内に入れて防除します。天敵を採集するには、トンネルを2、3本以上並べて設置し、トンネルの間を除草しません。そこを歩くと天敵たちは防虫ネットの上に逃げていくのでそれを採集します。

このことは、他の野菜栽培でも同様です。

①クモ

クモは小さなガ、ヨトウムシなどを食べま

す。クモは長さ20mのトンネルの中に4匹くらい入れます。クモを捕まえるには、直径、深さともに9cmくらいの円柱形のプラスチック容器を使います。ネットの外側にいるクモの近くに容器をあてがい、ネットをゆすってクモを容器の中に落とします。一つの容器の中に、4匹くらい入れられます。その際、大きいクモが小さいクモをおそうので、同じくらいの大きさのクモを採ります。クモをすぐにトンネルの中に放します。

②テントウムシ

テントウムシも同じく4匹くらい入れます。テントウムシの採り方は、ネットの外側にいるのを容器の中に落とします。容器をゆすっていれば、テントウムシは飛びません。

③アマガエル

アマガエルを同じく1、2匹入れます。草むらにいるカエルを捕まえるのは難しいので、トンネルの上に追い上げて捕まえます（第5章2（7）アマガエル）。

なお、アマガエルがいないときは、クモがあるていどアマガエルのはたらきをします。

④ゴミムシなど

ゴミムシが好む食品（例、粉末すし酢）を使ってトンネルの中に誘い込みます（第5章2（5）ゴミムシ）。この方法は省力的なので、トンネルが多い場合に使えます。しかし、トンネルの中に何匹入ったかは分かりませんので、その後の害虫の発生状況を観察する必要があります。

（4）トンネル内にいるただの虫

いずれもダイズの害虫ではないので、捕殺する必要はありません。このことは、他の野菜でもほぼ同じです。

①コアオハナムグリ

トンネル内にコアオハナムグリ【種名】というコガネムシが多数あらわれます。この虫は葉を加害しません。体長約1cm、体色は緑色です。体に白色の点が多数あります。体には金属光沢がないので害虫のコガネムシと区別できます。ダイズの花の花粉を食べているときがありますが、大きな影響はないようです。また、この幼虫は、植物の根を食べるのでできれば捕殺しますが、他に害虫がいたら後回しにします。

②シジミチョウ

シジミチョウという小さなチョウがいます。大きさは、貝のシジミくらいです。このチョウはトンネルの中でチラチラと飛んでいます。羽の表の色は、雄は紫色、雌は黒褐色で、裏は雌雄ともに白地に多数の黒色の点があります。止まっているときは羽の裏側を見ていることになります。幼虫はカタバミ（雑草）だけを食べます。

③無害なカメムシ

数は少ないですが、トンネルの中にほとんど無害なカメムシがいます。成虫の特徴は、アオクサカメムシが体長約1cmで全身緑色です。マルカメムシは体長約0.5cmでこげ茶色です。

（5）天敵の効果の判断

　最終的に天敵の導入が成功したか否かを知ることができます。それは、10月末になってトンネル内でアマガエルが成長していれば、害虫を食べたということです。アマガエルは8月に体長約1cmだったものが、10月下旬には約3cmになります。テントウムシのさなぎが防虫ネットに多数ついていれば、アブラムシをたくさん食べたということです。

　豆が熟す10月末にトンネルをはずし、役目を終えた天敵たちをトンネルから逃がします。このときに、テントウムシの羽化前のさなぎが防虫ネットについていれば、ネットをすぐにかたづけないで、トンネルを半分開けた状態にしておきます。半月ぐらい後にテントウムシが羽化してからネットをかたづけます。

⓬ キャベツ

　キャベツには、春まき、夏まき、秋まきの栽培があります。ここで説明するのは害虫が少ない、秋まきの栽培です。しかし、時期的にとう立ち（花が咲くこと）しやすいので、適品種とまき時期を守らなければなりません。トウ立ちが始まると玉にひびが入りぶかぶかになります。作りやすい品種は、「金系二〇一号」と「中早生二号」です。

（1）作り方（秋まきキャベツ）

　家の周りなど気象条件のおだやかなところに定植します。ただし、ブロック塀のすぐ南側などは冬に暖か過ぎて成長がはやくなり、とう立ちしやすいので不適当です。

①たねまきと育苗

　たねまきは10月上旬です。レタスと同様に、畑の土にぼかし肥と堆肥を混ぜて育苗用土にします。この土を12cmのポットに入れ、十分に水を吸わせ、土の表面が乾いてきたら種子をまきます。一鉢に約20粒まいて約5mm覆土し、かん水します。害虫防除のためにポットを野菜出荷用の網袋に入れます。発芽後本葉が見えたら6cmポットに1本ずつ移植します。かん水はやり過ぎないように注意します。植え付け本数が少なければ市販の苗が便利です。

②畑の準備と肥料

　元肥はサトイモと同様です。施肥溝の間隔は、90〜120cmです。

③定植と追肥

　11月に、本葉4〜5枚の苗を定植します。施肥溝に隣接して株間50cmで定植します。ネキリムシガードで防除します。

　追肥は、定植の半月後にぼかし肥を一にぎり苗の周りに置いて土をかけます。2回目は収穫50日前頃の、3月初めにやります。

　春にヒヨドリが葉を食べるので、ネットで覆います。

④収穫

　4〜5月に完全に結球したもの（玉が締まったもの）から収穫します。十分に水切りして収穫します。ナメクジやカタツムリがいれば取り除きます。外葉をはがしたときにイモムシの新しいふんがあれば、イモムシに注意します。

　なお、キャベツを作った後には肥料成分が

多く残っているので、ピーマンやナスなどを
植えるとよいです。

（2）おもな病害虫と防除対策

アオムシやヨトウムシが加害しますが、早
春から防虫ネットの被覆をすれば防除が徹底
します。

①ヨトウムシ

ヨトウムシの幼虫が葉を食べると穴があきま
すが、外葉ならば大きな被害にはなりません。

②菌核病

4～5月に発生します。葉がしおれ、結球部
が軟化します。腐っても悪臭は出ません。つ
いには、葉が枯れて菌核ができます。菌核は
大きさが数ミリ、黒色のかさぶたのようなも
のです。防除は連作を止めます。レタスとの
前後作も避けます。

⓭ ホウレンソウ

ホウレンソウは低温性の野菜で、生育適温
は20℃くらいです。気温・湿度が高い季節に
栽培すると、病虫害の発生が多いです。品種
が多数あり、一年中種子をまけますが、私は
病害虫が少なくて味の良い秋まきホウレンソ
ウを作っています。ホウレンソウは、無農薬
栽培では栽培適期が意外に短い野菜です。秋
まきホウレンソウの害虫は、ハダニ、ネキリ
ムシなどです。

（1）作り方（秋まきホウレンソウ）

品種は「パレード」を使います。秋に育ち、
冬に何度も霜にあたったホウレンソウは、甘
みのあるホウレンソウ本来の味になります。
水はけのよい、地力のある畑で作ります。

①畑の準備と肥料

元肥はサトイモと同様です。施肥溝の間隔
は90cmです。

②たねまき

たねまきは10月20日頃に、1うねに2～
4条まきます。地力が低い畑は2条、地力が
高い畑は4条というふうに調整します。4条
まきのときは、1うねに施肥溝を2本作りま
す。2条まきの方が除草作業をしやすいです。

種子をまくところの草を抜き、クワの背で
土を平らにし、三角ホーなどで深さ約1cmの
まき溝を作ります。10cm当たり10粒くらい
まきますが、その間隔で10粒くらい種子を置
いてからスプーンの柄などで適当に散らせば
よいです。まき溝に土をもどして覆土し、三
角ホーで軽く鎮圧します。この一連の作業は、
なれないうちは移植ごてでおこないます。

③間引き

10cm当たり10粒くらいの播種密度であれ
ば、間引きを省略できます。

本葉2～4枚のときに葉が黄変して、成長
が止まることがあります。おもに土壌の酸性
化によって起こる生育障害です。この対策と
して土作りが重要です。

④保温と収穫

生育が遅れた場合や葉先が寒風でいたむと
きは、保温と防風のために11月からポリエ
チレンのトンネルをかけます。同時に、トン

ネル内のうねの北側または西側に刈り草を置き、防寒を補強します。

ホウレンソウは3月になると花芽が伸びてきます。そうなると味が落ちるので、3月中旬までに収穫します。

（2）おもな病害虫と防除対策

最近は気候温暖化のせいか、害虫が秋おそくまで活動する年があります。そんな年はたねまきを遅らせて害虫の被害を回避しますが、たねまきを遅らせたために生育が遅れてしまいます。気候温暖化はこまったことです。

①べと病

症状は、始め葉に灰色がかったぼんやりとした斑紋があらわれ、その後黄化し、葉の裏に紫色のカビが生えます。病原菌は土の中にいて、雨のはね上がりで広がります。べと病は本葉3～4葉期から発病します。10月中旬にたねまきすれば、その頃には気温がかなり下がりますので、病気にかからなくなります。

②ハダニ

チャノホコリダニ【種名】が、10月中旬まで加害します。10月中旬以降に種子をまけばほとんど被害が出ませんが、秋に気温が高い年は被害が出ます。

体長は0.2mmで非常に小さく、肉眼ではよく見ないと見つかりません。被害は、はじめ葉がちぢれ、その後、葉がのびてくると葉に不整形の穴が多数あらわれます。

なお、この犯人はハダニのほかに、ヨトウムシの疑いもあります。

③カブラヤガ

11～12月にネキリムシ（カブラヤガの幼虫）が茎を切るので見まわって捕殺します。

（3）生育障害

生育障害のおもな原因は、土壌条件にあります。その対策は次のとおりです。
①水はけの良い畑で栽培する。
②連作しない。
③土壌pHを6くらいに矯正する。
④未熟な堆肥や有機物をすき込んだときは、1ヶ月くらい腐熟期間をおいてから種子をまく。

これらの対策について補足します。

①は、水はけの良い畑では根張りが良いので、酸性土壌やその他の条件が少しくらいわるくても問題なく生育します。

③は、土壌pHの改善には、カキ殻粉砕物（石灰質肥料）などを畑に入れます。しかし、私は発酵鶏ふんを少なめに使っているので、土壌の酸性化による害が出たことはありません。発酵鶏ふんには石灰分が多く含まれています。

冬の露地栽培のホウレンソウは、葉が地面を這うようにして育ちます。これが冬越しの自然な姿です。また、ホウレンソウの葉が凍ると、表皮と中身が分離します。外見がわるくなりますが、このことを霜にねられるといい、甘みが増してうまくなります。

野菜カフェ 2
かき菜の季節と麦の穂

※※

　菜っ葉とムギの生命力についての話です。

1　かき菜の自生

　かき菜とは、9月に種子をまき、葉が5枚くらいで摘心し、冬から春にかけて花芽と柔らかい茎を食べるアブラナ科野菜です。関東北部では、地域伝統野菜として品種保存がされているものがあります。冬に食べられる貴重な青物野菜です。

　秋が深まると、毎年、畑の枯れ草の中に鮮やかな緑色の葉をつけた「菜っ葉」が約3本あらわれます。それは5年前に種子をまき、翌春に結実し、自生したものです。不耕起栽培をおこなっているので毎年芽を出します。この菜っ葉はある種子メーカーの交配種（複数の品種を交配した種子）を買って栽培したところ、その子孫がその後自然に受粉をくりかえしたものです。買った種子の袋には、年間をとおして作りやすいという説明書がありました。この自生株には病害虫の被害がほとんど出ません。これは、病害虫が活動を停止する寒冷な季節に生えるものだけが生き残ったからだと思われます。しかし、これらの菜っ葉はふぞろいで、すくすくと大柄に育つものと、背が低くて小さい葉が密につくものなどがあります。私は、後者のようなわるい形質のものも刈らず、良い形質のものといっしょに花を咲かせています。

2　コムギは3回穂を出す

　菜の花が咲き終わった後、コムギの花が咲き出します。コムギの生命力にもおどろかされます。コムギの穂は、スズメに食べられても3回穂を出しました。まず、6月に実り始めると、スズメが食べます。最初の穂が食べつくされると、すぐに次の穂が出てきます。その2番目の穂も食べつくされます。葉は黄色にならず、緑色のままです。ついで3番目の穂が伸びてきます。その時期は7月中旬でしたが、この3番目の穂には防虫ネットをかけてスズメの害を防ぎました。それまで緑色だった葉は、ムギが実り始めてから黄色くなりました。さすがに収穫量は通常の半分以下でしたが、スズメに食べられても3回穂を出し、最後に実らせるだけの体力があったということです。水稲やムギは、種子が熟していくときに、茎や根に残っている栄養分を種子に送ります。

　また、ムギはスズメの被害には泣かされますが、頼もしいのはライムギです。ライムギはスズメに食べられることなく実ります。茎が細くてなよなよしていて、スズメが止まれないのです。ライムギはこぼれた種子が毎年生えてきます。地力の増強に役立っていると思います。スズメに食べられないので、よその畑に広がりません。

野菜カフェ　3
害虫に葉を食べられるとどれくらい収穫量が減るか

　野菜の葉の枚数について考えてみました。
　葉が害虫に食べられて葉面積が減っても、それに比例してニンジンやダイコンの収穫量は減りません。苗の生育初期に葉が食べられると被害甚大ですが、生育後半になれば数枚食べられてもそれほど収穫量は減りません。

1　ニンジンの摘葉と収穫量の関係について実験してみた

　じっさいにニンジンはどれくらい葉が食べられると、どれくらい収穫量が減るのでしょうか。このことを調べるために、摘葉してみました。摘葉をキアゲハが葉を食べることに見立てた実験です。春まきニンジンが本葉8枚前後に育ったときに、本葉を20％（2枚）、または40％（3枚）摘みました。その24日後（収穫期）に根の重さを測ったところ、摘葉しなかった区に比べて、収穫量（根重）がそれぞれ約5％、20％減りました。この結果から、本葉8枚期には、キアゲハに葉を2枚くらい食べられても収穫量はそれほど減少しないことが分かりました。摘葉率40％の実験区を設定しましたが、じっさいには捕殺するので、葉が40％食べられることはまれです。
　また、摘葉実験では葉柄を5cm残してその先を摘み取りましたが、キアゲハは葉柄と葉脈を残して葉を食べます。葉柄も葉脈も光合成をするのでキアゲハの食べ方のほうが、悪影響が少ないと考えられます。

2　害虫に食べられて発現する植物の抵抗力

　植物には病害抵抗性誘導という防御反応があります。それは、後天的な免疫のことです。例をあげると、水稲の葉の一部がセジロウンカという害虫に食べられると、イモチ病（水稲の重大な病気）にかからなくなる、という現象です。葉の一部が食べられると全身的にこの病気の抵抗性が発現します。周辺のイネの株にもこの抵抗性の発現が伝わります。現在、抵抗性を誘導する物質が解明され、製剤化されて水稲などの農薬として使われています。この抵抗性は、ジャガイモ、キュウリ、トマト、エンドウなど多くの野菜にあります。また、作物だけでなく、シロイヌナズナ（別名、ペンペングサ）という雑草でも見つかっています。シロイヌナズナは、遺伝の実験で使われる雑草です。作物と雑草の別なく抵抗性があることは、注目すべきことだと思っています。
　ところで、私は無農薬栽培や自然栽培においても、作物が病害虫から身を守る上で、この現象に助けられていることが多々あろうかと思っています。私のエコひいき農業では、害虫の被害を防ぎきれないので、棚ぼた式かと思いますが、野菜の抵抗性の発現は恩恵です。
　また、この現象の発現にも原因（虫に食べられる）、素因（野菜の体質）、誘因（気象条

件など）が関係していると思います。

3　野菜の苦肉の策

　害虫に葉が食べられて病害抵抗性誘導や寄生バチの誘引が起こるならば、ある程度害虫の加害を許してよいのではないかと思います。ある程度とは、野菜の品質や収穫量に悪影響のない範囲で、と言うことですが、消費者の意見を聞くことが重要です。このような抵抗力が、作物の品質、収穫量の向上にどの程度寄与するのかは分かりませんが、野菜の生命力も視野に入れて防除対策を立てることに意義があると思います。私は、保護一辺倒の防除では、野菜は病害虫のあることを知らない裸の王様になってしまうと思います。

　しかし、直接収穫物（葉や実など)を食べる害虫には、このような抵抗性があっても役に立ちません。そこで、これらの害虫には、防虫ネットをかけるなどの防除が必要です。

第3章
雑草管理と土作り

雑草とは、田畑に生える作物以外の草のことです。雑草は成長がはやく、繁殖力が大きいので、除草には昔から苦労してきました。しかし、その一方で堆肥の材料になり、土作りに役立っていました。雑草を農業のじゃまものと決めつけずに見直してみましょう。畑には野菜だけでなく、ミミズ、昆虫、カエルなどがいますが、雑草はこれらの生き物を養っています。

また、健康な野菜作りは無農薬栽培の基本であり、そのためには土作りが重要です。ここでは、土作りと土中の小動物との結び付きについて述べます。さらに、化学的な説明を加えて、物質の流れについてもふれます。

❶ 雑草の特徴

雑草と野菜はともに光や養水分を求めて成長し、追いつ追われつの競争をします。雑草は刈られてもやすやすとは負けません。雑草には次の特徴があります。
①成長がはやく、一般に作物よりも早く種子が熟す。
②小さい種子を多数つくり、熟したら地面に落ちる。
③種子の寿命（発芽力維持期間）の長いものが多い。土の中に埋まっている雑草の種子には、発芽しないで長年生きているものがある。耕うんによって地表面に出て、光に当たって発芽する種類が多い。

❷ 雑草は畑の生き物の土台

まず、雑草が野菜の生育にどんな影響をあたえるかについて整理し、雑草対策を改めて検討してみます。

（1）除草に平気な害虫と弱い天敵

除草して苗を植えたばかりの畑をながめてください。株間とうね間は野菜が最大になったときの大きさを想定して植えるので、畑は裸地同然です。害虫対策上この状態を好ましいとは思いません。耕うんで除草すると、そこにいた虫たちは死んだり追い出されたりします。害虫も天敵も地上部にいたものは一時逃げますが、地中にいたコガネムシの幼虫やネキリムシの一部はそこに残り、その後苗を加害します。一時逃げていた害虫もその苗が食べ物であれば再来します。天敵はそれらに遅れて来ます。このタイムラグで被害が出ます。

そこで、畑全体を除草せずに、たねまきや定植するところと施肥溝の部分を除草します。

（2）雑草たちの一年

おもな雑草の生育期は、**表3-1**のとおりです。おおよその開花の順に雑草を配列しました。また、雑草の花がとぎれるときは、おもに5月にネギ、ウツギが咲き、6～11月にソバ、7月にアオギリ、9月にウドと続きます。これらの花は多数の小さな花が密生して咲くので、受粉昆虫（例、ミツバチ）が好んで訪れます。それらの中には、天敵がいます。

表 3-1　畑の雑草の生育期と花 暦

おもな生育期	雑草とおおよその開花期（月）
初春から	オオイヌノフグリ1〜6月、セイヨウタンポポ1〜12月、スズメノカタビラ2〜7月、ホトケノザ3〜5月、シロツメクサ（クローバー）4〜7月
春から初夏まで	ハコベ3〜11月、ナズナ3〜5月、カラスノエンドウ4〜5月、ヘアリーベッチ4〜6月、カタバミ5〜10月、マツヨイグサ7〜9月
夏から秋	メヒシバ7〜9月、エノコログサ7〜9月、シロザ8〜10月、オオアレチノギク8〜9月、セイタカアワダチソウ10〜11月

表 3-2　雑草の被害とされていること

被害の区分	雑草による害
A	野菜の生育場所を奪う
B	養水分を奪う
C	日光をさえぎる
D	害虫の住みかになる
E	農作業のじゃまになる

注　A〜Eは本文の説明をするための区分

今日の種子は交配種（F1）がほとんどですが、その花は花粉や蜜をほとんど出さないので、それらの食べ物を求める虫たちには魅力の無いものになったと思います。この点雑草の花が役立ちます。

わが家では春から秋にかけて草刈り機で除草します。除草に弱く、1回の除草で枯れてしまう雑草がある一方で、除草されても再生する雑草があります。

（3）微生物が根のまわりに集まる

植物の根のまわりにはたくさんの微生物が生死をくり返しています。植物に栄養分（アミノ酸など）を与える微生物が適当量繁殖している場合、その植物は健全に成長します。このことは、雑草と野菜の区別無く言えることですが、雑草全体の根量は野菜のそれよりも多く、いつも生えているのでより効果が高いと思います。

❸　雑草を見直す

雑草の害は5つあるとされています（**表3-2**）。ここでは、私の体験した有益な面も述べます。被害区分のAとEは雑草による明白な被害です。一方、B、C、Dは、いつでもどこでも有害だとは言えません。

（1）野菜の生育場所を奪うか（被害Aについて）

不耕起栽培をしていますが、チガヤが増えて困りました。チガヤは農道に接している所などから侵入してきます。地下茎の先端がサツマイモやネギに刺さるとそこが腐ります。チガヤは、地下茎を掘り出さないと除草できません。冬から春にシャベルを使って地下茎を掘り出しますが、多くの労力がかかります。

（2）養水分を奪うか（被害Bについて）

この害は、雑草や野菜の成長のていどによって被害の状況が変わります。

①養分

おおまかに言って、春から秋には野菜と雑草の両方が養分を吸収するので競合します。また、雑草は養分を吸収する力が強く、地下深くからも吸い上げます。しかし、冬にはほとんどの雑草が越冬体勢になって養分の吸収が減ります。

そして、夏と秋に枯れた雑草の分解がすすむので冬には土中の養分が増えます。

②水分

雑草が土壌水分を吸収するので、高温、乾燥期には土壌水分が損失するといわれています。植物が土壌水分を吸い上げるのは、蒸散作用のためです。蒸散作用とは、根から吸い上げた水が葉から蒸発することで、植物はこれによって体温を調節します。しかし、盛夏に雑草を根こそぎ除草すると太陽の直射によって地温が上がり、かえって野菜をいためることになりかねません。

雑草による土壌水分の吸収が心配ならば、雑草を中刈りします。

(3) 日照をさえぎるか（被害Cについて）

苗が弱小なときに雑草がおおいかぶさると日照不足になります。しかし、一般的に野菜は、草によって夏の強い日差しと高温から守られます。もし、雑草が畑にはびこるのを避けたいならば、夏から秋には野菜のうねの北側や東側を除草します。冬は、おもに南側を除草します。北側や西側は除草しないで、野菜の防寒に役立てます。

(4) 害虫の住みかになるか（被害Dについて）

雑草は害虫の住みかになります。同時に、天敵の住みかになります。除草した結果、天敵の住みかが無くなることは、無農薬栽培ではむしろマイナスです。

(5) 農作業のさまたげになるか（被害Eについて）

雑草は農作業のさまたげになるだけでなく、雑草の種子がとなりの畑に飛ぶという心配があります。

❹ 天敵の保護に役立つ草

（口絵9～12）

天敵は草生栽培の畑にいます。ふつう昆虫は、活動期には食べ物のある植物が住みかになります。また、ここからは、「雑草」と言わずに「草」とよびます。

草むらに住む天敵たちは、草をえり好みしないようです。寄生バチ、アブなどの天敵は、オオイヌノフグリ、タンポポなど雑多な花の蜜と花粉を食べます。これを十分に食べた天敵は卵を多く産みます。とくに、冬から早春には天敵の重要なエネルギー源になります。草むらには雑食性のゴミムシが住みます。ソルゴーには多種類の昆虫やクモが住み、食べたり食べられたりしています（表3-3）。

次に天敵の保護に役立つ草について述べます。これらの草は、除草剤の使用や耕うんをしなければどこにでも生えます。

(1) シロツメクサ【種名】

白クローバーのことで、畑の周囲や農道に生えます。花にはクモやヒメハナカメムシ類などが住みます。これはナスやシシトウの主要な害虫であるアザミウマ類やアブラムシなどを食べる天敵です。ヒメハナカメムシ類は、成虫の体長が約2mmで、6～7月にシロツメクサの花にたくさんいます。ナミヒメハナカメムシも、シロツメクサに住みます。これらの天敵は、コナガやアザミウマなど防除がむずかしい害虫を食べます。

しかし、シロツメクサは根張りが強いので、不耕起栽培をしている畑で勢力が強くなりすぎると除草がたいへんです。

表 3-3　ソルゴーにいた虫（2017 年 9 月 23 日、千葉県）

（五十音順）

昆虫名	頭数	害虫	天敵	備考
アブラムシ	多数	○		
アリ類	多数			
カブラハバチ	1	○		
カメムシ	1	○		緑色軟弱
カメムシ幼虫	1	○		
寄生バエ	1			
寄生バエ	1		○	体毛深い
寄生バチ	1		○	体長 4.5mm、明瞭な産卵管有り
クロウリハムシ	1	○		
クロスズメバチ	1			
小型クモ	1		○	
シロオビノメイガ	1	○		
ナナホシテントウ	2		○	
ハエ	1			体長 3mm
ハエ	1			体長 3mm、上記のものとは違う
ハナグモ	1		○	
ハバチ	1	○		
フタモンアシナガバチ	1		○	
ミツバチ	1			

注　1 条植ソルゴーのうねの長さ 20mを捕虫網でこするようにして採集した。害虫と天敵は、
　　明白なものに○を付けた。その他不明の昆虫の一例は、口絵 12 に示した。

（2）カラスノエンドウ【種名】

　春に畑や道路の端に生える、サヤエンドウによく似た草です（口絵 9 → iii 頁）。秋に発芽し、春に開花します。赤紫色の花が咲き、小さなサヤをつけ、6 月に種子が実ってから枯れます。春にこの草にアブラムシが発生します。冬眠から目覚めたテントウムシがそれを食べて卵を産みます。

　カラスノエンドウに発生するアブラムシは、ソラマメヒゲナガアブラムシ【種名】、マメアブラムシ【種名】、エンドウヒゲナガアブラムシ【種名】です。これらのアブラムシは、ソラマメやサヤエンドウを加害しますので、カラスノエンドウが近くにあって被害が心配ならば除草します。

（3）メヒシバ【種名】

　メヒシバは夏から秋に畑にはびこるイネ科の植物です（口絵 10 → iii 頁）。葉が細長く、草丈が 50cm くらいになります。茎は枝分かれし、地面をはって広がります。茎葉が細くて野菜の光合成をじゃますることはほとんどなく、地面を適度に覆い、雑多な昆虫たちの住みかになっていると思います。

　うね間にメヒシバがはびこったら、適当な高さで中刈りします。秋には枯れて多量の有機物を残します。畑を数回除草すると 8 月以降はメヒシバだけになります。

（4）ソバ【種名】

　ソバは雑草ではありませんが、天敵たちはソバの花で満腹すると野菜や草を往来しま

す。その中には害虫もいます（表5-3）（口絵11→iii頁）。夜は昼間とはちがう虫が来ます。ソバの花を見ると、その時期に畑にどんな虫がいるかがわかります。これはと思う天敵がよく来れば、防除したい畑に部分的にソバをまいて天敵を集めます。

なお、ソバは雑草に負けるので、まき幅を1m以上にします。または、円形に種子をまきます。草生栽培の畑ではソバは雑草化しません。

❺ その他の草の見分け方

これまでは、有益な草をとりあげましたが、次にあげる草も総合的な防除や畑の管理上知っておきたいものです。

(1) チガヤ【種名】　　　　（口絵13→iii頁）

イネ科植物で草丈は30～80cm、小型のススキのようです。5～6月に銀白色の花をつけます。不耕起栽培を始めてから3～4年目に、畑に増えてきました。使わなくなったハウスのパイプの足元あたりから増えます。局地的に生え出したチガヤはすぐに抜いて防除します。不耕起栽培をするならば、チガヤに限らず防除の困難な草に目を光らせなければなりません。

また、農道に隣接するところは、そこだけ除草のために年に数回トラクターで耕うんします。持ち上げられてきた地下茎をひろって焼却します。慣行栽培では、畑を年に数回トラクターで耕うんするので、そのつど地下茎を切断していたのです。

(2) メマツヨイグサ【種名】

春夏は生育おうせいになり、茎も根も太く、高さは1～2mになります。7～9月に黄色い花が咲きます。歌にある「宵待草」です。休耕地、空き地などに生えますが、数は少ないです。春にこの草でテントウムシが繁殖します。テントウムシのさなぎがついていれば、それらが羽化してから除草します。株が大きくなっても株元を切れば枯れます。また、この草の若葉にコガネムシが最初にやって来るので、その発生の始まりが分かります。

(3) ハコベ【種名】

ナデシコ科の植物で、草丈は10～30cmです。葉は卵形で、長さ幅ともに1～2cmです。3～11月に白色の小さな花をつけます。肥よくな土に生えます。

ダイコンやニンジンの苗が小さいときには、苗の周りに生えたものを引き抜きます。抜くと株元でちぎれやすく、除草は不徹底になりますが、草の勢いは抑えられます。

(4) ギシギシ【種名】

多年草のタデ科植物で、スイバ（一名、スカンポ）に似ています。葉は長い楕円形で、葉脈が赤くて目立ちます。地下に黄色い太い根があります。5～7月に緑色の花の穂をつけ、種子は熟すと赤く色づきます。除草するには、根元をクワなどで深めに切断して掘り上げます。地下深くまで太い根を伸ばすので、土作りにも役立つと思います。

わが家の畑では、春にコガタルリハムシ【種名】の幼虫が葉を食べつくし、ギシギシは枯れます。なお、コガタルリハムシは野菜の害虫ではありません。

6 草の管理—3つの方法

草の管理は、草で畑の環境をおだやかに保つことを念頭において、次の3方法を組み合わせておこないます。また、除草した後で再生する草の種類をチェックしておきたいものです。

(1) 草を根ごと引き抜く

おもに、野菜の生育初期におこないます。

(2) 中刈り

適当な高さで草を刈ることで、草の勢いを抑えるためにおこないます。草の種子が付く前にもおこないます。

(3) 草生栽培

畑に草を生やしたままで野菜を栽培する方法です。ただし、野菜が草に負けそうなときは中刈りします。草生栽培は、近年、果樹園で多くなりましたが、土中の有機物を増やし、土が硬くしまるのを防ぎます。雨による土の流失を防ぎ、地力を維持します。

私は草刈りには、かまと草刈り機（例、「筑水キャニコム」の自走式の小型フレールモーア）を使っています。フレールモーアとは、草を砕断する機械です。刈る高さを地上0～7cmに調整できます。野菜栽培中、うね間に草刈り機を通すために、うねの幅（通路を含む）は草刈り機の幅よりも広め（90cm以上）にします。

また、冬に土ぼこりがたつのを防ぐためにヘアリーベッチやソルゴーをまきます。これら牧草の栽培方法は次のとおりです。

①ヘアリーベッチ

ヘアリーベッチ（別名、クサフジ）は10月頃に種子をまきます。刈り倒しをしやすいようにすじまきにします。三角がまなどで畑に深さ1～2cmの溝を掘って種子をまき、覆土します。冬に強風によって種子が飛ぶので必ず覆土します。花は5月に咲き、マルハナバチが飛来します。6月に種子が実ります。周囲の畑に種子が運ばれて雑草化するので、5月までに刈り倒します。ヘアリーベッチの株元は1本の茎なので、三角がまなどで茎葉を倒してから茎の基部を切れば株全体が枯れます。

図3-1　ヘアリーベッチによる土壌保全

②ソルゴー

ソルゴーは5～6月に種子をまきます。管理しやすくするためにすじまきにします。畑の周囲に生やして風除けや、天敵の保護に役立てます。たねまきは三角がまなどで畑に深さ約2cmの溝を掘り、種子をまいて覆土します。周囲の畑に種子が運ばれて雑草化するので、穂が出てきたら中刈りします。ソルゴーは、梅雨の間にある程度成長させておきます。翌年の春まで刈らずにおけば、防風に役立ち

ます。

最近、葉が数枚出た頃にソルゴーを食べるものがいます。キジのようです。この対策には、防虫ネットをべたがけします。

❼ コンパニオンプランツ

一般的に、いっしょに植えると生育などに良い影響を与えあう植物をコンパニオンプランツ（共栄植物）といいます。天敵の住みかとなる植物も、間接的に野菜に良い影響を与えるのでコンパニオンプランツに入ります。コンパニオンプランツとして利用できる野菜もあり、扱いやすいのでそれらを紹介します。たとえば、カボチャには長ネギ、ナスにはラッカセイです（表3-4）。じっさいの植え方は、ナスの苗を植えたところから約10cm離してラッカセイをまきます。

コンパニオンプランツの効果をねらった野菜の植え方は3種類あります。混植、間作、縁取りです。混植とは、複数の野菜を同じうねで栽培することです。間作とは、栽培している野菜のうね間で別の野菜を栽培することです。縁取りとは、ソルゴーやムギなどを畑の

周囲に植えることです。たとえば、ナス畑の周囲にソルゴーを一列に植えて害虫などの防除に役立てます。これを「ソルゴー巻き」といいます。

なお、地力増強作物として取り上げてきたヘアリーベッチは、コンパニオンプランツとしても使えますが、生育がおうせいなので野菜の生育のじゃまにならないように必要に応じて刈ります。

❽ 土作りと肥料のやり方

野菜作りに向いている土は、砂と粘土が適度に混ざって水はけが良く、しかも水持ちの良い土です。そうでない場合は、有機質を使って土作りをすれば、土中の小動物や植物の根の力でじょじょに改良されます。野菜との輪作で使われる作物（例、ライムギ、ラッカセイ）は、根が深く張り、根の量も多いので野菜よりも土作りの効果があります。また、ふかふかの土になり、農作業がしやすくなります。土が湿っていてもクワやシャベルにそれほどべとつかず、また、乾いていてもくずれずに掬いやすい土になります。

表3-4　コンパニオンプランツと期待される効果

良い影響を受ける野菜	コンパニオンプランツ注	植え方	期待される効果
カボチャ	長ネギ	混植	土壌病害の予防
キュウリ			
スイカ			
スイカ	ソルゴー	障壁	虫害の予防
ショウガ	サトイモ	間作	生育促進
ダイコン	ハコベ	草生	生育促進
ピーマン	ラッカセイ	混植	生育促進
ナス	ラッカセイ、ソルゴー	混植、障壁	生育促進、虫害の予防
トマト	バジル	混植	生育促進
レタス	アブラナ科野菜	混植	虫害の予防

注　コンパニオンプランツとして野菜を取り上げたが、収穫を目的としない。

ここでは、土を構成するもの、土作りの方法、土の中の小さな動物たちのはたらきについて述べます。肥料のやり方についても述べます。

ところで、わが家の畑は、平坦で標高20〜30mの台地上にある火山灰土（火山灰土壌、ともいう）です。有機物を多く含みますが、土壌養分は乏しい方です。とくに火山灰土はリン酸の利用効率が低いことが欠点ですが、この対策としてかねてよりリン酸肥料の増投が推奨されました。先代経営者がリン酸肥料と堆肥を使って栽培を続けた結果、リン酸の利用効率が高まりました。

また、すき間が多くて乾きやすい土です。有機質肥料の分解が遅れることがあります。

(1) 土層

①土の三層

畑の土を掘っていくと、土の色が変わっていきます。例えば、わが家の畑の土は、表面から深さ約10cmまでは黒っぽく、次に茶色になり、20cmくらいから下は黄色い土になります。黒っぽい土は腐植を多く含みます。茶色の土は腐植と鉄さび（赤さび）の色が混ざった色です。黄色の土には腐植がぐっと少なくなります。このように、ふつう土は3層に分かれています。この層のことを「土層」といいます。この上部2層にかかる深さ15cmくらいまでの層を作土とも言い、厚いほど良い土です。なお、土を掘るときは、土が乾いているときに掘ります。掘った土は穴の周りに順序よく並べて置き、埋めもどすときには深い所の土から穴に入れます。

②土層別に異なる生物

表層（地表面から数センチのところ）の土には未分解の有機物が多く、これを食べる小動物や微生物がいます。深くなるにつれて、それらの数は少なくなります（図 3-2）。未分解の有機物とは、刈った草や有機質肥料などです。小動物とはダンゴムシ、トビムシなどです。微生物には非常に多くの種類があり、小動物が細かく砕いた有機物を分解します。

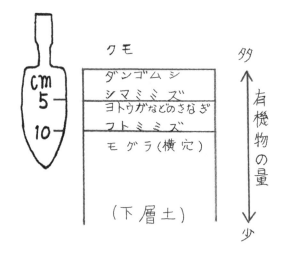

図 3-2　土中の小動物と有機物の分布（断面図）
注　フトミミズとは、大型ミミズの仲間

③土層と根の分布

土層は、根の分布と関連させて把握します。野菜の種類と土壌条件によってちがいますが、野菜の根は水平方向、深さともに0.5〜2mくらい伸びます。そのうち深さ10cmくらいの範囲に多く、そこからさかんに養水分を吸収します。

私は、土層の状況と、根が深さ10cm前後によく張るということから、深さ10cmくらいの所に溝施肥をします（後述）。

(2) 土の構成

次に述べることは、おもに地面から深さ約20cmまでの範囲についてです。

①土の中の固体、水、空気、その割合

土には、砂、粘土、有機物など（以上、固形物）のほか、水と空気が含まれています（図3-3）。畑の土は、固形物と水と空気がほどよく混ざっていることが重要です。その容積割合は、固形物40%、水30%、空気30%が好ましいとされています。固形物のすき間に水と空気があるのですが、水が多過ぎて空気がないと、野菜は根腐れを起こします。空気がないと根は呼吸できず、呼吸で得たエネルギーを使って養水分を吸収する作用がはたらかなくなります。

では、空気はどのようにして土の中に入っていくのでしょうか。ふつう、耕うんによって土中に空気が入りますが、それだけではありません。不耕起栽培にも空気の交換があります。不耕起栽培では植物が枯れて根が腐った後、畑に大小のたて穴や無数のすき間がで きます。まとまった雨があると、この穴から土壌微生物や根の呼吸によって古くなった空気（二酸化炭素など）が追い出されます。土のすき間は雨水でほぼ満たされて、時間の経過とともに水は下方に移動します。大きなすき間から水が流れ去り、すき間には新鮮な空気が入ってきます。

②砂と粘土の割合

さらに、固形物の中でも、砂と粘土の割合が重要です。砂と粘土が適当に混ざっている土は水はけ、水もち、肥料のもちが良いです。ほとんど砂だけの土は乾きやすく、また、粘土が多すぎる土は水はけがわるいです。砂と粘土の割合は、砂7割、粘土3割がよいとされています。

畑の土を砂と粘土に分けてみましょう。コップの中に土と水を入れ、よくかき混ぜます。すぐに沈んでいくのが砂です。水は濁っていますが、この濁りの正体が粘土です。水に浮いているものは有機物です。1日経過すると水は澄んできて、砂の層の上に薄い粘土の層ができます。

砂土、粘土では、野菜ができないということではありませんが、これらの土を改良するには、そこにおのおの粘土または砂を入れるとよいといわれています。しかし、それらを均一に混ぜ合わせることは大変なことです。じっさいには、水はけが悪ければ排水溝を作り、高うねにし、完熟堆肥を入れて栽培しているうちに土が良くなります。しかし、私の経験では、土作りを続けて野菜が良くできるようになりましたが、地力の低い所は地力の高い所と同等にはなりませんでした。土には、人の力ではすぐに変化しない風土的、歴史的

図3-3　土の構成員

な性質があるのだと感じました。

(3) 団粒構造の土

団粒構造の土には水、空気、微生物がほどよく含まれ、肥料も保持されるので、野菜の根張りと生育が良くなります。団粒構造とは土の粒が結合しあって大小さまざまな粒ができ、それらがさらにおしくらまんじゅうのようになってかたまり、さまざまな形のすき間が無数にある構造です。団粒構造を形成する土の粒には、直径が3mmくらいのものがあり、肉眼でも見えます。その形成に役立つものは、腐植、微生物、根、ミミズなどです。イネ科植物の根には土をしめつけたり、おしのけたりする力があり、効果的です。

森林や草原の自然の土は、多くの落ち葉や枯れ草の下に団粒構造ができます。不耕起栽培や部分的に耕うんするのは、自然に学んだ方法です。

なお、団粒構造は、強い雨や耕うん、化学肥料の使い過ぎによってこわれます。年1回程度の浅い耕うんであれば、土壌管理上効果的だといわれています。

(4) 土中の窒素の流れ

窒素には、おもに、たんぱく態窒素（たんぱく質に含まれている窒素）、アンモニア態窒素（アンモニアに含まれている窒素）、硝酸態窒素（硝酸に含まれている窒素）という3形態があります。たんぱく態窒素は有機質であり、他の2つは無機質です。土に入った有機質は、土壌微生物のはたらきによってまずアンモニアに変化し、次に硝酸に変化します。野菜はおもに硝酸態窒素を吸収します。このような窒素の変化は物質循環の一部であり、生物の生存はもとより、農業にとって重要な流れです（図3-4）。また、窒素のほかに炭素などの流れがあります。

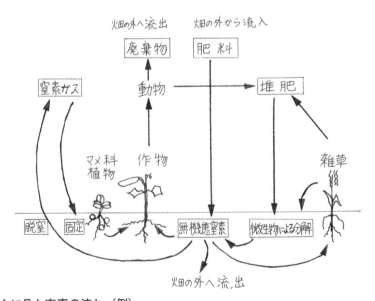

図 3-4 畑を中心に見た窒素の流れ（例）
注　一般の循環図に、雑草と窒素の流入、流出をつけ加えた。直線は人間の活動による窒素の動きを、曲線は自然の動きを表す。

土中の窒素の量は季節的に増減します。硝酸態窒素は冬から早春に増えます。その硝酸態窒素は、流亡（雨で養分が流失する）するので冬作物（ムギなど）の輪作がすすめられています。秋まきホウレンソウはこの養分を吸収して育ちます。

（5）堆肥の恩恵

堆肥には土壌微生物を増やし、団粒構造の形成を助けるなど、土壌改良の効果があります。

堆肥の作り方の一例をあげます。稲わらやイネ科雑草などを堆積します。できれば30cmくらいに切って積みます。材料が乾いていたら、積み重ねるときに水を加えますが、材料を手でにぎるとやっと水がしみ出る程度にします。堆積後、雨よけのために板などをのせます。その状態で半年から1年間腐熟させます。その間に2回積みかえて、全体を混ぜ合わせます。最初の積みかえは堆積してから2ヶ月後です。腐熟を早めたいならば、窒素を加えます。例をあげると、乾燥稲わら約100kgに対して、発酵鶏ふん約15kgを数層に分けて入れます。

堆肥には多くの腐植が含まれています。腐植には分解されやすいものと、分解されにくいものがあります。分解されやすいほうは、比較的はやく野菜などに吸収されます。分解されにくいほうは、団粒構造の形成に役立ちます。このように、堆肥は分解が進むなかで順次いろいろな効果をもたらします。

（6）ミミズのはたらきと保護

ミミズは土作りの代表選手です。ミミズは堆肥を入れている畑に多いです。土の中を動いて細い穴を無数につくります。土をおしつけながらすすむので、団粒構造の形成を助けます。トンネルの残土を地面に出すので上下の土が混ざって効果的です。死後は小さな動物たちのえさや植物の養分になります。

また、ミミズは土といっしょに有機物を食べ、そのふんが良質の土になります。土中のカルシウムを野菜が吸収しやすい形にします。このカルシウムの吸収が増えた野菜は、病気にかかりにくくなります。

ミミズの活動を支える環境が必要ですが、このことに関係が深い生き物がいます。それらについて以下に述べます。

①イネ科植物の根

草が生えているところはミミズをはじめ土壌動物のたまり場になります。とくに、ミミズはイネ科雑草の根の近くで多く見られます。

②有機物をかみくだく土壌動物

ダンゴムシやササラダニなどが有機物のある所にいて、それらを食べて細かく砕き、ミミズが食べやすい形にします。これらの生き物は落葉堆肥や刈り草のマルチで増えます。堆肥を入れても増えます。

③ミミズが好む環境作り

化学物質の使用は止めます。殺虫剤、除草剤などはミミズに対して直接的にも間接的にも悪影響を与えます。この影響についてはまだ、不明な点があるとのことですが、私は、除草剤の利用で草の地上部が異常に枯れれば、根も劣化すると考えます。化学農薬などへの法律上の毒性チェックは、土壌動物の保護とい

う視点からは、十分になされていないとのことです。

また、耕うんは土壌動物の体を切り、住み場所（ミミズの穴）もこわします。すため、好ましくありません。その点、不耕起栽培あるいは部分的な耕うんは、ミミズにとって好ましい環境です。

(7) 牧草で地力向上

地力向上のために畑にヘアリーベッチやソルゴーをまきます。牧草とは家畜のえさになる作物のことですが、有機物の補給にも役立ちます。ヘアリーベッチの根には根粒（小さなこぶ）が付きます。その中にいる根粒菌がマメ科植物から栄養をもらいます。根粒菌は空気中の窒素ガスからアンモニアを作ります。そのアンモニアをマメ科植物が利用します。そこで、ヘアリーベッチをうね間にまいて地力を高め、野菜の追肥に役立てます。また、土の上に刈り倒しておくと（刈り草マルチ）、草が生えるのを抑えます。しかし、この性質がダイコンやニンジンなどの発芽不良を起こすという説があります。試しにそこにダイコンをまいて発芽すれば問題ありません。

ソルゴーは根張りが良く、深いところまで根を通すので、畑全体にまけば排水性が良くなります。この場合は、3カ月以上生育（穂が出る頃）してから刈り倒してすき込みます（青刈りすき込み）。穂が出るよりも早くすき込むと、かえって土中の養分が流失します。ニンジンなどを加害するゾウムシが多い畑では、ソルゴーを刈り倒して乾燥後にすき込みます。ソルゴーなどを青刈りすき込みした畑にホウレンソウなどをまくときには、1か月以上の分解期間を置きます。

また、ソルゴーの育ち方（茎の伸び、葉色）を見れば、およその土の状態が分かります。全体的に生育が悪ければ、排水性、土の硬さへの対策が必要です。

(8) 肥培管理

①肥料の施し方—溝施肥
(ア) 元肥

元肥のやり方は溝施肥です。クワで幅約10cm、深さ約10cmの溝を掘り、肥料を入れて土を埋めもどします。肥料は発酵鶏ふんと、もみがら牛ふん堆肥です。発酵鶏ふんの量は、溝の長さ10m当たり約2kgです。もみがら牛ふん堆肥を同量（重量で）入れます。春先は、さらにうねの長さ10m当たりぼかし肥を約300g加えます。また、夏季、秋季の施肥量は春季よりも減らします。

溝施肥の利点は、次のとおりです。
・野菜の初期生育を助ける。
・畑全体に施肥するよりも少ない施肥量で野菜が育つ。
・モグラ対策を兼ねる（図4-6）。

なお、肥料の適正量を判断するために、一部無肥料区を設けます。無肥料区でもふつうに収穫できれば、次の栽培では肥料を減らします。いずれの区とも収穫量が少なければ、根張りや根の病気を調べる必要があります。いくつかの原因が重なっていることもあります。

ここで、元肥の施肥設計（野菜別に肥料の種類や量を決める）の必要性について考えてみましょう。農作物が吸収する畑の窒素のうち当年施肥に由来する窒素は、30〜50%であり、残りの50%以上は土中の有機物が無機化したものです。カリについても窒素と同様

第3章　雑草管理と土作り

な傾向にあります。したがって、多品目の野菜の輪作では、野菜別に施肥設計をすることにあまり意味がないと思います。

（イ）追肥

　追肥には、ぼかし肥を使います。ぼかし肥は少し発酵させた肥料で、生の有機質肥料よりもおだやかにはやく効きます。多く作ったときは、乾燥させて保存します。追肥は、穴肥または表面施用します。穴肥とは、株の周りに深さ、直径ともに10cmくらいの穴を掘って肥料をやることです。また、ぼかし肥を株の周りにまいたら、うすく土をかけて鎮圧します。地下足袋をはいてその上を歩くと、肥料と土が密着するのではやく効きます。

（ウ）新しい畑の元肥

　新たに畑を作る場合は、土が硬くしまっていれば、まずシャベルで約30cm掘り起こして砕土します。植え付けの1か月前に肥料を入れます。堆肥を10㎡当たり約10kg入れて混ぜ、うねをたてます。次いで、深さ20cmくらいに溝施肥します。溝の幅、肥料の量も、上記の溝施肥よりも多めにし、毎年うね幅だけずらしながら肥料を入れます。発酵鶏ふんよりもぼかし肥を多めに使って、ジャガイモ、ナスなどを作ります。追肥は回数を多くして、少しずつやります。これを数年間くり返し、畑全体に溝施肥します。

（エ）使用肥料

　使っている肥料について参考までに紹介しますと、発酵鶏ふんは、(有) 九十九里ファームの「発酵鶏糞（有機くん）」で、主要な成分含有量は、窒素全量2.0％、リン酸全量4.1％、カリ全量3.3％、石灰全量16.4％、炭素率11.0です。炭素率とは炭素量を窒素量で割ったもので、有機質の分解程度を表します。この発

酵鶏ふんは、炭素率が11.0なので十分に発酵したものです。石灰は鶏ふん中に含まれているので、このほかに石灰質肥料は使いません。

　もみがら牛ふん堆肥は、材料を積んで1年間発酵させたものです。私は肉牛農家からもらっています。もみがら牛ふん堆肥には、数字のふれは大きいですが、窒素2％、リン酸2％、カリ1.5％が含まれています。

　ここで、ぼかし肥の作り方の一例を紹介します。ぼかし肥は40リットルくらいの量から作れます。一般に、土5、油かす2、こめぬか2、かにがら0.5、もみがら0.5（全体を10とした場合の重量比）を混合し、にぎってくずれない程度に水を加えます。次にこれを風の当たらない場所に30cmくらいに堆積し、むしろなどで覆います。その5日後には発酵にともなって温度が上がります。堆積してから7日くらい後に上下を混合します。強いアンモニア臭がします。その後、7日ごとに約4回混合すればできあがりです。混合するときに水分が不足（握れない状態）していれば水を加えて混ぜますが、水は少なめにします。温暖地では低温期のほうが作りやすいです。なお私はぼかし肥の使用量がわずかなので購入しています。そのぼかし肥の成分は、窒素3％、リン酸5％、カリ4％、炭素率10です。油かすの腐熟した臭いがしますが、土に入れれば消えます。

②有機質肥料の効き方

　有機質肥料には、菜種油かす、魚かす、骨粉などがあります。成分は、バランス的には、いずれも窒素、リン酸に比べてカリが少ないです（**表3-5**）。この表の成分パーセントは、有機質肥料がすべて分解したときの数字です。

表 3-5　有機質肥料と成分

単位：%

肥料名	窒素	リン酸	カリ	特徴
コメヌカ	3.2	6.6	1.5	遅効性だが微生物が好むので、堆肥を積むときに混ぜるとよい。
菜種油かす	6.2	2.8	1.3	土壌微生物を増やすはたらきが大きい。
魚かす	9.7	8.5	0.4	犬、猫が掘りかえすので、施肥後土をよくかける。
骨粉（蒸製骨粉）	5.3	21.3	0.1	
カニガラ	4.2	5.3	0.2	土壌病原菌を減らす。施肥後土をよくかける。

また、分解には時間がかかり、たとえば菜種油かすは5週間で全窒素成分量の約50％が分解し、残りは非常に少しずつ分解します。コメヌカは9週間で約10％しか分解しません。有機質肥料は、化学肥料に比べて短期間でまとまって効きません。ぼかし肥でもこの性質は同様です。また、カリの補給には牛ふん堆肥などを使います。

　有機質肥料は、たねまきや定植の半月以上前に土に混ぜておきます

　また、有機質肥料は土壌条件（地温、水分、酸素の有無）によって効き方がちがいます。土が乾いていると、有機質肥料は効きません。

　一般的に、有機質肥料には次のような特性があります。

・湿っていないと分解が進まない。
・あるていど高温の方が、分解がはやい。
・肥料がかたまっている方が、分解がはやい。畑全面にまくよりも、溝状やつぼ状に施したほうがはやく効く。
・土に深く入れるよりも、浅く入れる方がはやく効く。

③土壌診断

　有機栽培を始めた数年間は、栽培中に窒素肥料の不足を感じることがありましたので、業者に依頼して土壌診断をしました。窒素肥料の不足は、カボチャのつるの伸びが早く止

まることなどから予想されました。

　診断した土は、3年間有機無農薬栽培をした土です。秋以降肥料を入れないで、1月に土を採取しました。腐植を含む火山灰土で、溝施肥をした深さ5〜10cmの土です。その結果、窒素とマグネシウムが不足していることが分かりました。

　予想していた窒素の不足は、土壌診断で裏付けられました。そこで、窒素を増やすため、畑にヘアリーベッチをまきました。マグネシウムが少ないという理由は、鶏ふんだけを使っていたからだと思います。そこで、マグネシウムを含むもみがら牛ふん堆肥を使いました。その結果、2年後に窒素とマグネシウムが適量になりました。

　なお、今日では土壌診断は、一般的に過剰養分の診断に役立っています。

④少肥栽培と野菜の品質

　肥料を少なめにして栽培しているせいか、野菜は病気になりません。葉や根が健康であれば、味が良く、日持ちのよい野菜ができます。例をあげると、少肥栽培の秋まきのホウレンソウは晩秋にゆっくりと成長するので、消費者から甘くてうまいと言われています。ラッカセイの味が好評です。ジャガイモの貯蔵期間が長くなり、収穫した翌年5月までもちます。

これまでの栽培の本には、肥料が必要なときに必要なだけ効かせる、と書かれています。そのとおりだとは思いますが、そのために過剰施肥になりやすいのです。私は、肥料はおもに初期生育を助けるために施します。生育中期以降には根が発達するので、あらかじめヘアリーベッチを利用して地力をつけておき、必要量を吸収させるという方針です。

今日、多肥条件で改良された品種が多く、その結果、肥料を多く要求するようになったのだと思います。そこで、私は多肥を要求するトウモロコシやトマトなどの栽培を止めました。多肥を好む野菜は生育初期から多くの肥料を要求しますが、与えられた肥料をずいぶん吸い残します。

また、ニンジンとネギは、肥料が十分あって天候に恵まれ（適度な日照、降雨）、葉も根も健全という状態では、生育が良くて太り過ぎます。ニンジンは根が太り過ぎて出荷する頃に割れるものが多くなるので、私はほとんど追肥をしません。とくに、暖冬の年には注意する必要があります。また、ネギは太すぎると収穫の労力が増えるし、市場では価格が下がり（出荷規格上の「太」）、いわゆる豊作貧乏になります。

ぎゃくに、肥料が不足すると、秋まきニンジンは10月頃に黒はん病が発生します。これは下葉が黄化し、株全体が衰弱する病気です。対策は、ぼかし肥を追肥します。また、翌年は元肥を何割か増やします。この病気がたまに出るくらいのほうが、肥料の量を調整する上でむしろ参考になります。

ネギは肥料が不足すると、9月頃に黒はん病の発生が多くなります。この病気によって枯れるということは少ないし、十分根が張っていれば10月には新しい葉が出てきて回復します。

（9）連作障害

同じ作物を同じ所で続けて作ると、生育がいちじるしく悪くなります。このことを連作障害といいます。同じ作物とは、同じ科の作物も含みます。今日では連作障害の解明が進み、そのおもな原因は土壌センチュウや土壌病原菌の増加によるものであることが分かりました。

防止策として、イネ科牧草（例、ソルゴー）やラッカセイとの輪作があります。

連作障害を防ぐために必要な栽培休止年数を示すと、スイカ、ゴボウは5年、トマト、サトイモは3年です（表3-6）。ぎゃくに連作によって品質が向上するといわれるものは、ダイコン、タマネギなどです。ただし、病害虫が増えた場合はこのかぎりではありません。

表3-6　連作障害を防ぐために必要な栽培休止年数

休止年数（年）	野菜名
5	スイカ、ゴボウ、ナス、エンドウ
3	サトイモ、トマト、
2	ジャガイモ、ソラマメ、キュウリ、ラッカセイ
1	ショウガ、ネギ、ダイズ、ホウレンソウ
（連作可能）	サツマイモ、ダイコン、ニンジン、タマネギ、カボチャ

（10）ラッカセイやライムギで空き畑の管理

労力不足のなかで空き畑が多くなりました。この対策として、省力的作物であるラッカセイをつくっています。ラッカセイは根が土中深くまで入って、土をたがやす効果があります。

もとより、農業経営上、集約的な品目だけを栽培するだけでは、農地の管理ができません。省力的で、比較的多くの面積をうめることのできるラッカセイやサトイモなどを栽培する必要があります。

また、台地の畑では冬から春に強風によって土ぼこりが立ち、つむじ風が起きます。この対策には秋にライムギをまきます。10月に深さ約1cmにまきます。ライムギはやせ地でもよく育ち、肥料はいりません。ライムギ、ソルゴー、シロツメクサ、ヘアリーベッチ（例、商品名「マメ助」）の種子は、種子屋や大型ホームセンターで扱っています。ライムギはこぼれた種子で自生します。

土カフェ
畑で出来た短歌

　農業を手伝いに来てくれる人がいます。その人に農作業中に何を考えているか、と聞かれました。私はぼんやりと、この野菜の価格がいくらになるかな、と答えて顔を見合わせてしまいした。そのほかには、クワを使いながら土の色、虫の幼虫やさなぎの有無、雑草の種類や開花状況を見ています。これらは、たねまきの時期や防除に関する情報になります。腰が疲れてきたら、腰を伸ばして観天望気(かんてんぼうき)をします。それは雲の様子、太陽の暈(かさ)、風向きの変化などによる天気の予知で、地域的な言い伝えもあります。関東地方では、東風に変わったときによく天気が変るので、すぐに空をながめます。雨模様であれば、作業の順序を変える必要があります。

義母のもの中耕鍬を引き継ぎぬ
柄も刃もなじみ無心にさくる

たのしみは夏に土作り秋に蒔く
ホウレンソウに甘さのる冬

この五年夏の厳しさいや増して
就農意欲試さるるごと

児童らの手植えの田んぼにかも来たる
中干し止めてえさ豊なり

指先をのぼりつめれば羽開き
テントウムシは空に吸われる

夏の夜の樹液酒場にかなぶんの
集まるがゆかい吾も組みたし

湯たんぽのお湯をもらって顔洗う
農家民宿の寒き朝に

牧柵に寄れば黒牛走り来て
べろと我が手でハイタッチハイタッチ

土地利用の変転見つめし改良碑
むらの総意を粛粛と記して

チェロきけばお腹の中からあたたまる
ゴーシュのチェロは仔ねずみ癒やした

第4章
害虫の被害と防ぎ方

❶ 害虫の身元調査

この章では、害虫の見分け方と防除について述べます。野菜栽培では一般に幼虫による被害が大きく、ふつう害虫の名前は幼虫で調べます。そこでおもな害虫について、幼虫と成虫が分かるように説明します。

(1) 害虫のチェック

あなたの畑にどんな虫がいますか。まず、次のQアンドAでチェックしてみてください。（ ）は、本書中の記載ページです。

【Q】⇨⇨⇨⇨⇨⇨⇨⇨⇨⇨⇨　【A】
①レタスを定植した2日後、茎が切られていた。
　　　　　　⇨⇨⇨⇨⇨ ネキリムシ（64）
②5月に大きな（体長約6cm）緑色のイモムシがサヤエンドウを暴食している。
　　　　　　⇨⇨⇨ アヤモクメキリガ（ー）
③キュウリの葉を茶色の虫が食べる。近くを飛び回っている。⇨⇨⇨⇨ ウリハムシ（66）
④ダイコンの若苗の葉に無数の小さな穴があき、苗が枯れてとけてしまう。
　　　　　　⇨⇨⇨ キスジノミハムシ（67）
⑤カボチャの花に体が丸くて橙色の大きなハチが来ている。
　　　　　　⇨⇨⇨ トラマルハナバチ（ー）
⑥夏にナスの葉が黄変し、下葉が早く落葉する。⇨⇨⇨ニジュウヤホシテントウ（65）
⑦野菜の葉の上に、おんぶしているバッタがいる。⇨⇨⇨⇨⇨ オンブバッタ（68）
⑧キャベツの葉が穴だらけで、小さなガがた

くさん飛んでいる。⇨⇨⇨⇨⇨コナガ（62）
⑨ネギの葉がちぎれ、葉の中に茶色のイモムシがいる。⇨⇨⇨⇨⇨⇨ ヨトウムシ（63）
⑩エダマメのさやが、茶色に変色して育たない。くず豆になる。
　　　　　　⇨⇨ ホソヘリカメムシ（33）
なかなか見つからない害虫は、非常に小さいもの（例、キスジノミハムシ）、地中にいるもの（例、ネキリムシ）、夜間に活動するものなどですが、犯人をはっきりさせることが防除の第一歩です。なお、⑤のトラマルハナバチは受粉昆虫で、益虫です。

また、これらの害虫をみただけでも野菜の生育にともなって被害の出方がちがうことが分かります。若い苗の茎が切られればまた植えなければならず、収穫直前の野菜が荒らされれば、栽培の苦労が報われません。また、葉がひどく食べられては収穫量が減ります。

おもな11種類の害虫が、16種類の野菜など（ニンジン、トマト、ジャガイモ、ダイズ、ダイコン、ハクサイ、カボチャ、キュウリ、サツマイモ、モロヘイヤ、ピーマン、ホウレンソウ、サヤインゲン、ナス、サトイモ、ゴマ）に被害を与える時期を**表4-1**に示しました。

(2) 昆虫の基礎知識

昆虫とはどんな生き物なのでしょうか。昆虫は地球上でもっとも繁栄している生物です。無セキツイ動物に属し、体の構造や体内のはたらきがセキツイ動物とは多くの点で異なります。成虫（親虫）は脚が6本、羽が4枚、触角が2本あります。触角とは頭に付いてい

表 4-1 害虫の発生時期と被害を受ける野菜（露地栽培）

関東地方中心

害虫名	1	2	3	4	5	6	7	8	9	10	11	12月	被害を受けるおもな野菜
アブラムシ				○	○	○			○	○	○		野菜全般
ヨトウムシ				○	○	○	○			○	○		野菜全般
土壌センチュウ				○	○	○	○	○	○	○	○		ニンジン、トマト、ジャガイモ
シンクイムシ					○	○	○	○	○	○			ダイズ、ダイコン、ハクサイ
カブラヤガ				○	○	○		○		○	○	○	野菜全般
キスジノミハムシ					○	○	○	○	○	○			ダイコン、ハクサイ
ウリハムシ						○	○	○	○	○			カボチャ、キュウリ
コガネムシ						○	○	○	○				ダイズ、サツマイモ、モロヘイヤ
カメムシ						○	○	○	○				ピーマン、ダイズ
ハダニ						○	○	○	○	○			野菜全般、とくにナス、サヤインゲン、ホウレンソウ
スズメガ							○	○	○	○	○		サトイモ、ゴマ

注　害虫名は、一般に使われているグループ名であらわした。

る細長い角（つの）のことです。背骨が無く、成虫は硬い外骨格でおおわれ、幼虫は丈夫な皮ふでおおわれています。昆虫は多くの生物のえさになっています。果樹などの受粉においても多大な役割を果たしています。

昆虫には多くの種類があって、それぞれ好みのえさ（植物、昆虫など）を食べて生きています。多くの昆虫は、親と子で住みかや食べ物がちがいます。

このほか、昆虫の基本的な特徴は次のとおりです。

・成虫（親）は、幼虫（子）の食べ物である植物に卵を産む。肉食性の昆虫もいるが、それは次章で説明する。
・体が小さくて、成長がはやい。
・一生のうちに卵→幼虫→さなぎ→成虫と、体の形や色が変化する。これを変態という。幼虫は脱皮（体の皮を脱ぐ）して段階的に成長する。さなぎから成虫になることを羽化という。成虫には羽がある（図4-1）。幼虫はひたすら食べて成長し、成虫は飛んで分布範囲を拡大する。

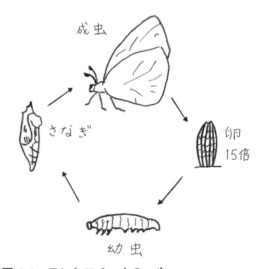

図4-1　モンシロチョウの一生

注　卵は細長くて長さが約0.7mm、幼虫の体長は2～30mm、さなぎは約25mm

・昼間に活動する虫と、夜間に活動する虫がいる。

また、害虫、益虫という区分は、農業の都合上できたものです。今日ではこれらのほかに、「ただの虫」というのも加わりました。

各昆虫にはそれぞれ天敵がいます。害虫と天敵をセットでおぼえると効果的な防除ができます。

虫カフェ　1
虫も人を嫌う

****

1　人が近づくと虫は本能的に逃げる

　虫が嫌いだ、という人は少なくありません。とくに、カやハエが嫌われます。また、何の虫か分からなくても、大きい虫の場合は、それを嫌ってよける人が多いです。虫を嫌う人がいると同様に、虫の方でも人間を嫌っているようです。虫は大きなものや影が近づくと反射的に逃げます。どなたもこれまでに虫とニアミスしたことがあると思いますが、そのときの虫の反応はどうだったでしょうか。虫はすばやく植物の茎や葉のかげにかくれたと思います。飛べる虫はさっと飛び去ります。

　ここまでの話は、おもに成虫についての話です。これに対して幼虫のイモムシなどは、短い足でゆっくりと歩きます。そして、近づいても逃げないのでたやすく捕まえることができます。しかし、イモムシのなかには、けばけばしい色模様のものや気味悪く毛が生えているものがあり、触られることを避けているかのようです。また、ある種のイモムシは、葉にわずかでも振動があると糸を吐き、いっせいに地面に落ちて逃げます。

2　虫を観察するには、虫に気付かれないように近づく

　このように、人と虫が双方嫌いでお互い様ということなら、虫を無視すればよいではないかと思う人もあるでしょう。しかし、害虫から野菜を守るためには、ここで引き下がれません。次の章では天敵のことを述べますが、小さくて、ごみのようにしか見えなかったものが天敵として自然界ではたらいていることを知れば、驚きと同時に感動さえあります。虫をよく見ることが面白くなると思います。害虫や天敵を観察するためには、虫に気付かれないように近づくことが必要です。人間も環境にとけ込まなくてはならないのです。

　その方法は次のとおりです。
　　①人の影が虫にかからないように近づく。だから虫を観察するには、うす曇りの
　　　日がよい。
　　②風下から、音をたてずに静かに近づく。
　　③タバコ、アルコール臭、化粧などの香りはさせない。たとえば、単独でくらす
　　　小型のハナバチ類はふつう人を刺さないが、化粧品等の成分に興奮して人の顔
　　　の周りにつきまとう種類がある。

　なお、ここで重要な注意があります。アシナガバチなどの大型のハチは、人間に対して攻撃的になります。ニアミスして手で払ったりすると刺されます。大型のハチがいることに気付いたら、すぐに身を引いてやり過ごしてください。運悪く刺されたら、次のように処置してください。①ミツバチに刺されて、そこに針が残っていればすぐに取り除く。②刺された指に指輪をしている場合は、すぐにはずす。③傷口を水道の流水で洗う。④動悸がする、息苦しいなどの全身反応があれば、至急病院へ行く。とくに、スズメバチは毒が強いので注意する。

ここで、植物と昆虫のおおよその関係についてふれます。生物の進化のなかで、たとえば、モンシロチョウの幼虫（アオムシ）が植物の葉を食べて成長し、成虫が花の受粉を媒介するという仕組みができました。農耕文明が始まり、畑でキャベツなどを栽培すると、虫にとって無尽蔵とも言えるえさになりました。モンシロチョウは繁殖力が大きく、しかも分散する能力が高いので、キャベツ畑などで猛威をふるうようになりました。これを防除するために、人類は殺虫剤を発明しました。その後、殺虫剤に過度に依存するうちに、昆虫は抵抗性を身につけ、殺虫剤では思うように防除できなくなりました。

（3）被害の出る時期と特徴

　害虫の種類や、幼虫と成虫のちがいによって被害の出方が異なります。おもな害虫について、被害の様子を**表 4-2** に示しました。

　成虫が畑に飛んで来るときは、最初はわずかな数ですが、その子孫が増えて被害が拡大します。昆虫は小さくて目立たないものが多く、害虫がいることに気づいたときは、すでに大発生していたということがあります。

　ここまで、昆虫とセキツイ動物とのちがいに視点をおいて昆虫の特徴を述べました。しかし、食事をはじめ、排せつ、産卵、好適な場所に住むといった生き物としての基本的な営みは、他の動物と同じです。なかには、育児をするものもいます。昆虫は種類ごとに特徴のある形の器官（あし、羽、口など）をもっていて、それが彼らの生活のための固有の道具といえます。昆虫が何をしているのかを考えながら観察すると、いっそう興味深くなります。

❷ 害虫の見分け方と防除

　この本で解説する防除法は、おもに虫の習性を応用した方法です。特定の野菜を加害する虫は第２章の野菜栽培のなかで述べましたので、この章ではおもに多種類の野菜を加害する虫について述べます。

表4-2　おもな害虫の被害（幼虫、成虫別）

害虫名	幼虫			成虫		
	食べる部分	食べ方	被害の様子（例）	食べる部分	食べ方	被害の様子（例）
モンシロチョウ ヨトウガ	葉	かむ	葉がぼろぼろになる。	花の蜜	吸う	（野菜に被害無し、注1）
コガネムシ	根	かむ	野菜が衰弱する。イモの表面にみぞ状の傷がつく。	葉、根	かむ	葉、根がぼろぼろになる。
カメムシ	茎 未熟な豆	汁液を吸う（注2）	野菜が衰弱する。ダイズの豆などが変形、変色する。	（幼虫と同じ）	（幼虫と同じ）	（幼虫と同じ）

注1　植物の受粉を媒介する。
注2　「汁液（ジュウエキ）」とは植物体内の汁のこと

1、2齢の若い幼虫（若齢幼虫）の防除が効果的なので、できるだけ若い幼虫の見分け方についてふれました。1齢幼虫、2齢幼虫とは、それぞれふ化後の幼虫、1回脱皮した幼虫のことです。虫の形や色は、背中側（上側）から見たものです。また、この本では私たちの目にとまりやすい発育段階から順に説明します。発育段階とは、卵、幼虫、さなぎ、成虫のことです。

なお、ハダニ以降は、げんみつには昆虫ではありませんが、昆虫に似たくらし方をしているので害虫としてあつかいました。

（1）アブラムシ　　　　（口絵14→iii頁）

アブラムシは、野菜、雑草の別なく、ほぼ1年中、いろいろな植物にいます。体長2mmくらいで、多数が群れて葉や茎から汁を吸い、野菜を衰弱させます。また、野菜にウイルス病を媒介します。

アブラムシは、マメ科植物にはマメアブラムシ、ジャガイモにはジャガイモヒゲナガアブラムシ、ダイコンにはニセダイコンアブラムシ、ネギにはネギアブラムシが発生します。しかし、アブラムシは名前を調べることが難しいので、個別ではなくアブラムシ類として話を進めます。

①見わけ方及び被害の出方

ふつうに見られるアブラムシは羽のない無翅型アブラムシです。無翅型は卵胎生（雌の体内でふ化する）で増えます。繁殖して過密状態になると有翅型があらわれて、他の植物に分散していきます。この無翅型や胎生は、昆虫としては例外的なものです。

アブラムシはウイルス病を媒介します。野菜がウイルス病にかかると葉に緑色と黄色などのモザイク症状があらわれ、生育が止まります。ウイルス病には、一般に「○○モザイク病」という病名がついています。

②防ぎ方

・テントウムシやアブなどを保護する。草生栽培で、農薬を使わない。

・ウイルス病を防ぐために畑の周囲やうね間にソルゴーやライムギをまく。侵入してくる有翅型アブラムシは、野菜よりも背の高いそれらの作物にいったん寄生するので、野菜にウイルスを媒介する機会を減らすことができる。

　また、ライムギなどに定着したアブラムシは、天敵のえさになる。

・ウイルス病にかかった野菜から病気が広がるので、早めに抜き、焼いたり土に埋めたりして処分する。

（2）モンシロチョウ

モンシロチョウ【種名】の幼虫はアオムシで、キャベツなどのアブラナ科野菜の害虫です。一年のうちに何回も発生し、大きな被害を出します。冬にアブラナ科野菜を栽培すれば、ほとんど被害は出ません。

①見わけ方及び被害の出方

成虫は白色のチョウで、春と秋にキャベツ畑などで多数飛んでいます。卵を1粒ずつ葉に産みます。葉の裏側に産む傾向がありますが、大発生すると葉の表にも産みます。卵は黄色で細長く、長さは約0.7mmです。熟齢幼虫の体長は約3cmです。さなぎは、体長2cm、体色は淡緑色です（図4-1）。

②防ぎ方

・キャベツやブロッコリーなどは、定植後すぐに防虫ネットのトンネルをかける。幼虫、さなぎ、成虫がトンネルの中にいたら捕殺する。

・10月まで防虫ネットでトンネル被覆する。

・秋まきのアブラナ科野菜は、できるだけおそくまく。

(3) コナガ

コナガ【種名】(小菜蛾) は、アブラナ科野菜の害虫です。キャベツ畑に入って行くと、ガが目にもとまらぬ速さで飛びまわります。幼虫は小さなアオムシです。春から秋まで発生します。ダイコン、キャベツなどの葉が食べられてぼろぼろになります。この虫は農薬の抵抗性を獲得しやすく、農薬では思うように防除できません。

①見わけ方及び被害の出方

コナガの熟齢幼虫は、体長約1cmです。表皮を残して葉を食べるので、透けた葉になります。強い風雨で葉から落ちて死ぬ幼虫が多いです。モンシロチョウの幼虫を捕殺していると、コナガの幼虫も見つかります。

成虫は体長約6mmで、茶色に白色が混じるぼやけた色調のガです。静かに野菜に近づいてよく見ると、この小さいガが止まっています。

②防ぎ方

・定植後から防虫ネットをべたがけする。浮きがけする。

・防虫ネットを棒などでかるくたたくとガが飛ぶので、できるだけ捕殺する。

・アブラナ科野菜を作るとコナガの数が増えてくるので、アブラナ科野菜を5〜9月中旬に栽培しない。

・草生栽培や草のマルチで徘徊性のクモ(後述)を増やし、コナガの増加を抑える。

(4) ハイマダラノメイガ

ハイマダラノメイガ【種名】の幼虫は、シンクイムシとも呼ばれます。ダイコンやハクサイの心葉を食べるので、心葉がちぢれます。被害が多いとハクサイは葉をまかなくなります。

成虫は体の長さが8mmくらいの茶色の小さなガです。アブラナ科野菜の葉に一粒から数粒の卵を産みます。

①見わけ方及び被害の出方

ハイマダラノメイガの幼虫は、心葉をからめてその中にいます。葉をほどくと、なかに体長約1cmのアオムシがいます。若い苗の心葉が食べられると心止まり(新芽が無くなる)になって生育が止まります。

②防ぎ方

毎年被害が出るようならば、たねまき後すぐに防虫ネットをべたがけします。

はじめから分散して被害が出るので、捕殺するのが難しい虫です。

(5) ヨトウガ　　　　　(口絵15〜17)

ヨトウガ【種名】の幼虫はレタスやキャベツなどの多くの野菜の葉を食べます。熟齢幼虫は、体長約4cmにもなるイモムシです。昼間は株元の土の中や下葉の間にひそみ、夜間

に加害します。漢字では「夜盗虫」と書きます。

なお、この本では区別しますが、ハスモンヨトウやネキリムシを含めてヨトウムシと言う人もいます。

①見わけ方及び被害の出方

ヨトウガの若齢幼虫（口絵 16 → iii 頁）は、体長１cm くらいの淡緑色のアオムシです。しゃくとりむしのように歩きます。昼も夜も葉を食べます。はじめは野菜の葉の裏を食べますが、それが葉の表から白くぽつぽつと見えます。この白いぽつぽつは、イモムシに限らず、害虫による被害の始まりのしるしですので、葉の裏を虫めがねなどでよく見てください。

幼虫は２cm 以上の大きさに成長すると、いわゆるヨトウムシになります。色や模様は、桃色、茶色、黒色などが混合して様々です（口絵 17 → iv 頁）。また、昼間から単独で野菜の上の方を歩いているイモムシは、病気にかかっています。そんなイモムシはそのままにしておきます。

健全なヨトウムシは、成熟後土にもぐり、さなぎになります。

成虫のガは、羽を閉じて止っているときの体の長さが約２cm、体全体がこげ茶色です。春から秋まで野菜の葉の裏に卵を 50 個くらいまとめて産みます（口絵 15 → iii 頁）。これを卵塊といいます。外から畑に飛来するガは、まず畑のすみの野菜に産卵するようです。

次に、卵は直径 0.5mm、淡黄色でまんじゅう型です。ふ化が近づくとピンク色になります。産卵後 7 日くらいでふ化します。黒色に変化して、10 日以上たってもふ化しない卵は、寄生バチに寄生されています。

ヨトウムシによって次の被害が出ます。
・葉が食べられて衰弱し、収穫量が減る。
・成長した幼虫は分散し、周囲の野菜にも被害を広げる。

②防ぎ方

・葉の間にはさんでつぶす。頭を引っぱって引きちぎるのが確実。つぶすと幼虫の体液が出るが、これはおもに葉の消化物なので手についても害はない。
・幼虫は体長が１cm くらいまで集団でくらすので、その時期につぶす。また、葉をゆすると糸にぶら下がって落下するので、受け皿をあらかじめ用意しておく。なお、逃げた幼虫はゴミムシなどに食べられる、ということである。
・幼虫が小さいうちに BT 剤を使う。

また、卵塊（かためて産み付けられた卵）を見つけたらつぶしますが、寄生バチ（卵寄生蜂）に寄生されていればつぶしません。そこに棒などの目印を立てておいて、10 日間くらい経過をみます。卵塊の上にごく小さくちかちか光るものがあれば、それは成虫の寄生バチです。光るものは羽で反射した光です。寄生されていなかった場合でもヨトウガの卵がふ化してからの捕殺で間に合います。幼虫は、ふ化してから 10 日間くらいは集団でいます。

(6) ハスモンヨトウ　　（口絵 18 〜 23）

ハスモンヨトウ【種名】の幼虫や被害は、ヨトウガによく似ています。幼虫には体の前の方に一対の黒い斑紋があります（口絵 20 → iv

頁）。サトイモ、ダイズなどの葉を夏から秋に暴食します。

①見わけ方及び被害の出方

若齢幼虫は集団で葉を食べます。葉が食べられると茶色になり、その葉だけが枯れたように見えます（**口絵21 → iv 頁**）。この時期に幼虫をつぶして防除します。熟齢幼虫の体色は、灰白色、茶色、黒色と変化に富み、体に黄色や黒色の線があります（**口絵22 → iv 頁**）。

さなぎは体長約2cm、体色は茶色です（**口絵23 → iv 頁**）。土中にいます。

なお、体長5cmくらいのイモムシがさなぎになると、いずれの種類も**口絵23**と同じようなさなぎになります。名前を調べたいならば、びんなどにティッシュペーパーをしいてそこに入れ、羽化させます。クワを使っていると、さなぎが見つかります。体長2cmくらいのさなぎは、ヨウトウムシやネキリムシのさなぎがほとんどです。

成虫（**口絵18 → iv 頁**）は、卵を2～3段に重ねて産みます。卵塊の上に成虫の毛（黄色や金色）がべったりと付いていることが特徴です（**口絵19 → iv 頁**）。その毛を除くと中に黄緑色の卵があります。

②防ぎ方

ヨウトウムシと同じです。分散し始めた幼虫には、BT剤を使います。BT剤を体長約2cm以下のヨウトウムシに散布すると、1、2日後には体色がやや黒くなってほとんど死にます。その後、強い風雨に当たって葉から落ちます。

(7) カブラヤガ　　　　（口絵24 ～ 28）

カブラヤガ【種名】の幼虫は、ネキリムシで

す。この虫は植えたばかりの野菜の苗を夜間に切断し、土の中に引き込んで食べます。全部引き込めば完全犯罪ですが、一部が地面の上に出ているので、「頭隠して尻隠さず」、ということになります。春から初冬まで、多くの野菜に被害が出ます。

①見わけ方及び被害の出方

切断された苗の株元の土を少しずつ掘っていくと、体長約1.5～4cmのイモムシが見つかります。体色は黒色またはこげ茶色の単色です（**口絵24 → iv 頁**）。土から掘り出すと、体を丸めます。被害があってもネキリムシがいないときは、周辺の株に移動した後ですから、そのまわりの株元の土もさぐってみてください。

また、ネキリムシによる被害は、見慣れないうちはネキリムシによるものか、苗立枯病などによるものか分からないことがあります。苗が病気で枯れたと思われるときも、引き抜いて根の状態を見て、ネキリムシなどを探すことも必要です。

説明が前後しますが、体長1cmくらいまでの若い幼虫は土にもぐりません。日中も野菜の上で若い葉を食べるので、中心部の葉がちぎれます。その後成長して地面にもぐり、いわゆるネキリムシになります。

ニンジンやダイコンは、収穫期にもネキリムシに根がかじられます（**口絵25 → v 頁**）。

②防ぎ方

・石などの固いものの上でつぶす。または、頭をちぎって殺す。体の皮が強じんで、土の上で踏んだくらいでは死なない。

・ネキリムシガードを土に3cmくらいさし

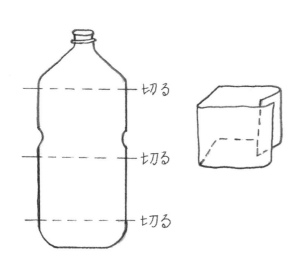

図4-2　ネキリムシガードと使用例（右上図）及びポットの利用法

注　2リットルのボトルを輪切りにし、次に縦に切る（左図）。
　　育苗ポットの底を切り離して、ネキリムシガードの代用にできる（右下図）。

て、定植した苗を囲む。

　ネキリムシガードとは、ネキリムシの被害防止用の器具です。ペットボトルを輪切りにしたものです（図4-2）。私が考案したものですが、「ネキリムシガード」という名前をつけました。次のように使います。

　ネキリムシガードで囲った土の中に虫がいることがあるのでネキリムシガードを使ってもまれに被害が出ます。閉じ込められたネキリムシは捕殺します。

　ネキリムシガードのなかで被害が出てから3日以上放置しておくと虫に逃げられるので、定植後数日間はできるだけ毎日見回ります。

　また、ネキリムシガードよりも簡易に苗を保護する方法もあります。育苗ポットの底を切り離し、縦に2本切れ目を入れて用土を押し下げ、そのまま植えます。用土の上に、畑の土を詰めます。ポットの上縁約3cmで苗を囲むようにします。地面より3cm高ければ、ネキリムシは加害しません。

　定植後1カ月くらいで苗の茎が硬くなるので、ネキリムシガードをはずします。ただし、ネキリムシガードをはずした後で、苗の周りの土を平らにならすのは止めます。これは、ネキリムシガードをはずした後も、なるべくネキリムシに見つからないようにするためです。なお、ネキリムシガードは、栽培期間中そのままさしておいてもさしつかえありません。根域（根の伸びる範囲）をせばめることはありません。

　ネキリムシガードでは飛んで来る他の虫は防除できません。この場合は、さらに防虫ネットをかけて防ぎます。

　また、秋にハクサイの苗をネキリムシガードで囲むと、生育が早まります。使った農家から、ネキリムシの防除と合わせて好評を得ました。

(8) ニジュウヤホシテントウ

　ニジュウヤホシテントウ【種名】は、幼虫、

成虫ともにナス科野菜の葉を食べます。さざ波状の食べ痕を残します。天敵のテントウムシに似ていますが、体に光沢がありません。漢字では「二十八星天通」と書きます。また、よく似た害虫にオオニジュウヤホシテントウがいますが、これらによる被害は同じです。テントウムシによく似ているので、「テントウムシダマシ」ともいわれます。

①見わけ方及び被害の出方

成虫は、体長約6mm、体色は赤茶色で羽に28個の黒色の斑紋があります。食べられた葉は枯れたように見えます。テントウムシと区別して捕殺してください（表4-3）。

卵は紡錘形で橙黄色です。成虫は十数粒から100粒を葉の裏にまとめて産み付けます。ニジュウヤホシテントウの卵かテントウムシの卵かの区別がつかないときは、ふ化してから判断します。若齢幼虫は白色で、全身に目立つ黒色の毛があります。

熟齢幼虫の体長は約8mm、体色は白色です。幼虫は葉の裏にいることが多いです。幼虫やさなぎをつぶすときは、葉の間などにはさんでつぶします。

ニジュウヤホシテントウによって次の被害が出ます。

・ナスとジャガイモの葉が黄化して早期に落葉する。株が衰弱する。

・ナスの実の表面がかじられて汚れる。

②防ぎ方

・緑色の葉だけでなく、下の方にある黄化した葉にもいる。さなぎも葉についているので、葉の裏表を見て捕殺する。

・ナスは品種名「中長ナス」、「黒陽」が、ニジュウヤホシテントウに強い。

（9）ウリハムシ　　　　　　　（口絵29→ⅴ頁）

ウリハムシ【種名】の成虫が、5〜9月にカボチャやキュウリの葉や花と実の表面を食べます。体色は光沢のある茶色で、よく飛びまわります。黒色の虫もいます。温暖地の無農薬栽培では被害が多いです。

なお、羽があってふわふわ飛ぶ小さな虫をハムシと言う人がいますが、ここでとり上げるのはその虫のことではありません。

①見わけ方及び被害の出方

成虫はキュウリやカボチャの葉に直径約2cmの環状の食べ痕をつけます。キュウリなどを5月上旬に植えると、2、3日のうちに葉がぼろぼろに食べられることがあります。成虫の体長は、約8mmです。人が近づくとすばやく飛び上がります。また、つかまえよう

表4-3　ニジュウヤホシテントウ（害虫）とテントウムシ（アブラムシの天敵）の見分け方

	ニジュウヤホシテントウ	テントウムシ（ナナホシテントウなど）
成虫	体の表面に光沢がない。 28個の黒色の斑紋がある。	体の表面に光沢がある。 斑紋の数は、28個より少ない。
卵	ふつう、ナス科野菜の下位の葉の裏側に産卵する。テントウムシほど密着させて産まない。	ナス科に限らず野菜の葉や材木、プラスチックの容器などに卵を密着させて産む。
幼虫	体色は白色で、体全体に目立つ黒色のとげがある	体色は暗い青色で、オレンジ色の点々または帯がある。
さなぎ	体色は白色で、尻部に多くのとげがある。	体色は全体に鮮やかなオレンジ色で、黒色斑紋がある。とげはない。

として手を近づけると、すぐに地面に落ちます。しかし、カボチャの本葉が8枚以上になると葉がどんどん出てくるので、被害はそれほど問題になりません。

幼虫は体長約1cm、黄色のうじむしで、土の中にいます。6月頃からウリ科野菜や雑草の根を食べます。被害がひどいときに株を抜いてみると、根がほとんど枯れてスポンジ状になります。

このほか、ウリハムシによって次の被害が出ます。

・小さい苗が加害されると生育が止まって枯れる。
・キュウリなどの若い実の表面をかじって汚す。
・幼虫に根が食べられると、日中には地上部がしおれ夕方には回復するという症状をくりかえす。

②防ぎ方

ウリ科野菜のたねまきや定植の後で防虫ネットをべたがけします。株数が少ない場合は、水稲の種籾消毒袋（サイズは40×65cm、春にホームセンターなどで販売）または、野菜出荷用のネット（10kg用）をかぶせ、すそを数センチ土に埋めてとめます。いずれの場合も本葉8枚くらいになるまでかぶせます。葉が大きくなると網袋の中がきゅうくつになり、葉が折れたように見えますが、ていねいに網袋を取りはずせば葉は正常な形になります。

成虫の捕殺方法は、葉をすばやくたたくと、転がり落ちようとしますが、カボチャの葉が漏斗状になっているので、底のところに引っかかってもたもたします。ウリハムシの体はやわらかいので、指で葉に押し付けてつぶします。体から黄色の液が出ますが、手についても無害です。ただし、目につけてはいけません。

(10) キスジノミハムシ

キスジノミハムシ【種名】はアブラナ科野菜の害虫です。成虫は、ごま粒くらいのとても小さな虫です。4月から10月にダイコン、ハクサイなどの葉を食べます。葉に小さな穴が無数にあきます。ダイコンなどの若苗がキスジノミハムシにはげしく食べられると、枯れてとけてしまいます。

①見わけ方及び被害の出方

成虫は、体長約3mm、体色は黒色で黄色のたて線が2本あります（図4-3）。葉に直径1mmくらいの小さな穴を多数あけます。人が近づくとノミのようにピンピンはねて、なかなか目に止まりません。

幼虫はダイコンの根を食べて育ち、土の中でさなぎになります。

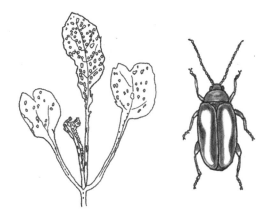

図4-3 キスジノミハムシ（成虫、右）とダイコン幼苗の被害

注　成虫は体長約3mm、体色は黒色、図の白色部分は黄色

キスジノミハムシによって次の被害が出ます。

・ダイコンの根の表面に直径1mmくらいの黒褐色の穴が多数あく。表面が汚れ、出荷できなくなることがある。

・加害されたきず口から病原菌が入り、なんぷ病（軟腐病）などになることがある。なんぷ病になると腐って異臭がする。

②防ぎ方

春まきダイコンはたねまきの適期より1週間くらい早くまきます。一方、秋まきダイコンやハクサイは、遅くまける品種を選び、9月20日以降にまきます。

(11) ヒョウタンゾウムシ　（口絵30→v頁）

ヒョウタンゾウムシ類は、ニンジン、ゴボウなどの害虫です。成虫、幼虫ともに根を加害します。収穫後水洗いしてから被害の状況が分かるので、防除のむずかしい害虫です。被害は、根の表面が溝状にくずれ、土が混ざって汚れます。

①見わけ方及び被害の出方

ヒョウタンゾウムシには、サビヒョウタンゾウムシ【種名】、トビイロヒョウタンゾウムシ【種名】などがいます。ここでは、サビヒョウタンゾウムシについて述べます。

成虫は体長約7mm、ひょうたん形をして体色は灰色やくすんだ茶色です。目立たない虫なので、土の中では土と見分けがつきません。被害を受けた野菜とそのまわりの土を紙の上に置くと動き出すので、見つけられます。

熟齢幼虫は体長約1cm、乳白色で背中側がふくれたうじむしです。被害の様子は、成虫と同じです。じっさいには、このようなうじ

むしが成虫といっしょに多数見つかれば、幼虫と判断できます。

なお、名前の由来は、成虫を横から見ると小さな胴体の割に筒状の長い口があり、それが象の鼻のように見えることです。

②防ぎ方

・収穫後、なるべく野菜くずを畑に残さない。

・被害が多い畑では、ニンジンやゴボウの栽培を4、5年間休む。

③よく似た害虫

ヒョウタンゾウムシによく似た被害を出す害虫がいます。それは、コメツキムシの幼虫（別名、ハリガネムシ）です。成虫は産卵するときにアンモニア臭に誘引されるので、未熟な堆肥の使用はさけます。

また、よく似た名前のヤサイゾウムシという害虫がいます。冬に野菜など（例、ターサイ）を食べるシンクイムシです。無農薬栽培では被害が多いです。

(12) オンブバッタ　　　　　（表紙）

オンブバッタ【種名】の成虫は体長3〜5cmで、体色は緑色です。バッタの背中に小さなバッタがおぶさっていますが、それは交尾中の雌雄で（表紙）、小さな方が雄です。6月からあらわれ、多くの野菜の葉を食べます。とくに、モロヘイヤやシソの葉を食べて被害を出します。

防除方法は捕殺です。つぶしてそのまま葉の上に置きます。

(13) ハダニ

ハダニ（葉ダニ）は、夏から秋にほとんど

の野菜で発生します。葉や茎から汁液を吸って野菜を衰弱させます。非常に小さくて発見や防除が難しい害虫です。ハダニが大発生すると、葉の色が茶色になります。ハダニにはカブリダニという天敵がいますが、わが家の畑ではハダニの増加を抑えているようには見えません。

①見わけ方及び被害の出方

ハダニには多くの種類があります。ここでは、ナミハダニ【種名】について述べます。体長約0.4mm、体色は黄緑色と赤色のものがあります（図4-4）。ハダニを見るには、虫めがねを使います。高温、乾燥条件で急激に繁殖し、芽や葉に糸を網のようにかけてその中で加害します。そのために落葉し、ナスやサヤインゲンでは収穫が短期間でうち切りになります。

図4-4　ナミハダニ
注　体長約0.4mm、体色は黄緑色、赤色など

このほかハダニによって次の被害が出ます。
・ナスでは、へたが奇形になる。茎の先の部分や果実が小型化する。
・ホウレンソウでは、若い葉が食べられて小さな穴があく。その後、葉の成長にともなって穴が大きくなり、被害が拡大する。

② 防ぎ方

発生のはじめは葉の裏側にいるので、砂粒のようなダニを指でこすって殺します。
・ナスを定植するときは、葉の裏表をよく見てダニを探す。葉に白いぽつぽつのある部分に注意する。
・サヤインゲンでは、夏の高温乾燥時にはダニの急激な増加に注意する。朝夕、茎葉の裏表や下葉にたっぷりと水をかける。
・ホウレンソウは、ダニの被害が少なくなる10月中旬にたねまきをする。

(14) ダンゴムシ

ダンゴムシは野菜の芽を食べることがあります。しかし、ふだんは地面に落ちた枯葉などを食べている生態系の掃除屋さんです。

①見わけ方及び被害の出方

ダンゴムシはおもに夜間活動します。ダンゴムシの多い土だと、育苗箱やネキリムシガードのなかでは発芽した芽を食べることがあります。低温期には、この傾向が強まります。発芽不良とまちがえやすいので注意しましょう。

②防ぎ方

たねまきや育苗の用土には、畑の深さ5〜10cmの範囲の土を用います。この深さの土は表面の土よりも有機物の分解が進んでいて、土がやや緻密でダンゴムシなどが少ないです。市販の育苗用土では、心配ありません。

虫カフェ 2
ネキリムシ（カブラヤガの幼虫）の観察と実験

****

　ネキリムシに苗が切られると、「やられた！」と思います。ネキリムシは茎を少し食べるだけで、一匹で何本もの苗を枯らします。これに対して、モンシロチョウなどの幼虫は次々と出てくる葉を食べ、1株で多くの虫が育つのでむだのない食べ方です。私はネキリムシの食べ方を奇妙に思いました。そこで、ネキリムシの習性を調べたところ、いくつか分かったことがあったので、それらを利用した防除法も含めて紹介します。

1　耕うんとネキリムシの食欲
　ネキリムシは耕うん、中耕、土寄せ、除草（引抜き、または耕うん）をすると食欲が刺激されるようで、被害が増えます。これらの作業は、土をかく乱するという点で共通しています。中耕とは雨などによって固まった土の表面を浅く耕す作業のことです。土寄せとは野菜の生育を助けるほかに、ニンジンの根の上部やジャガイモが緑色に着色するのを防ぐためにおこなわれます。しかし、私はネキリムシの被害を防ぐため、これらの作業を省略します。それでもとくに問題ありません。
　また、ネキリムシが多い時期は、関東南部では5、6、8、10、11月です。そこで私は耕うんを、なるべく2〜3月、7月上旬、9月におこないます。

2　登る能力ともぐる能力
　熟齢幼虫（5齢幼虫）は地上5cm、地下3cmのネキリムシガードのかべを乗り越えたり、深くもぐったりしません。
　実験したところ、4齢幼虫までネギの葉を登りましたが、5齢幼虫は登れませんでした。さらに、ネキリムシは2齢末期から土にもぐるので、じっさいには食べもの（野菜）を探すためにペットボトルの壁を外側から登ることはないと思います。

3　ネキリムシが定植苗をすぐに見つける謎
　成虫（ガ）にも他の昆虫と異なる性質があります。直接野菜に産卵することは少なく、イネ科雑草の枯れ葉などに産卵します。ふ化した幼虫は、はじめは雑草に移動してそれを食べて生きているのだと思います。野菜の苗を植えるとすぐに苗に移って加害します。幼虫は定植した苗を一晩か二晩で見つけますが、何に反応して苗を見つけ、なぜ雑草から野菜の苗に移動するのか疑問です。ネキリムシは、耕うんしたところを集中的に歩き回って苗を探すのではないか、と想像するのですが、なかなか確かめられません。ネキリムシガードの作製は、このへんのことから発想しました。

4　除草は中刈りで　　　　　　　　　　　　　　　　　　　　　（口絵1 → ii頁）
　野菜がさかんに成長する頃には、雑草が伸びています。うねの周りの雑草は、帯状（幅0.5〜1m）に、地上部10cmくらいの高さで刈ります。こうすると、ネキリムシの侵入

が抑えられます。

5 苗の太さには関係なく被害が出る

太い苗を植えれば切断されないのではないかと思いました。そこで、さまざまな太さの
キャベツの苗を植えて被害の有無を調べました。茎の直径が1.4cmのものまで調べまし
たが、いずれもかじられました。

6 ネキリムシの飼育と寄生バチの出現　　　　　　　　　　（口絵 26 ～ 28）

熟齢幼虫やさなぎを飼育するには、えさは不要です。びんなどの底にわずかに湿らせた
土を厚さ１cmくらい入れ、その上に虫を置きます。半月後、破れたさなぎの殻や茶色や
白色の液体が土に付着していれば羽化した証拠です。容器の中をよく見ると、土の色に似
たガがいます（**口絵26→v頁**）。

また、幼虫を飼育していると、その体内から寄生バチがあらわれることがあります。熟
齢幼虫の体のまわりに数十個の寄生バチのまゆがあらわれ（**口絵27→v頁**）、その２週間
後に体長約４mmの成虫が羽化します（**口絵28→v頁**）。このネキリムシは、採集する前に
寄生されていたのです。

寄生バチがあらわれたら容器に入れたまま屋外の日陰に運び、容器のふたを開けてそっ
としておき、しぜんに逃がしてやります。

（15）カタツムリとナメクジ

カタツムリはおもに夜間に活動し、野菜の
若い葉やつぼみを食べます。這ったあとには、
光沢のある線状の這い跡が残ります。よく見
かけるのはウスカワマイマイ【種名】で、殻
の大きさは直径約 2.5cm です。

①見わけ方及び被害の出方

ウスカワマイマイは、雨が続く時期によく
見られます。ハクサイなどは葉がはげしく食
べられるとぼろぼろになります。

また、殻の直径が２、３mmの小型のカタツ
ムリが、梅雨の長雨のときなどに異常発生す
ることがあります。野菜の葉が溶けたように
なります。野菜の成長が止まるので、病気と

まちがえやすいです。

②防ぎ方

・うね間を広げて、通風、日当たりをよくする。
・多肥、過繁茂をさける。
・カタツムリは殻ごとつぶす。
・ナメクジも同様の被害を出すので、固いも
　のにはさんでつぶす。

（16）土壌センチュウ

土壌センチュウ（土壌線虫）は、土の中に
いる体長１mm くらいの微小な生物です。種
類が多く、多くの野菜の根に寄生し、根がふ
くらんでこぶのようになります。または、根
が腐って部分的に黒くなります。土壌セン

チュウによって直接収穫物が被害を受ける場合（ニンジンなど）と、野菜が衰弱して被害が出る場合（ナスなど）があります。

土壌センチュウには、この植物寄生性のほかに、捕食性、自活性がいます。捕食性は植物寄生性などを食べる天敵です。自活性も植物寄生性の増加を抑えます。

①見わけ方及び被害の出方

野菜を加害するのは、おもにネコブセンチュウとネグサレセンチュウです。どちらも体長は 0.5 ～ 2 mm、無色透明です。根から汁液を吸って株を弱らせます。また、根腐病などを増加させます。ニンジンなどは収穫してから被害が分かるので、防除のむずかしい害虫です。連作すると植物寄生性センチュウが増えます。

栽培上問題が見当たらないのに葉が黄ばみ、生育が悪いときは、土壌センチュウまたはウイルス病を疑ってください。また、生育が悪い株と順調に生育している株を引き抜いて、根を比べて見ることも必要です。

（ア）ネコブセンチュウ

ネコブセンチュウに寄生されると、根に直径数ミリから 1 cm くらいのこぶが多数できます。根が腫れてぶよっとなることもあります。

（イ）ネグサレセンチュウ

ネグサレセンチュウに寄生されると、根の組織が部分的に死にます。生育初期に寄生されると、苗が枯れることがあります。

なお、センチュウを見分けるには、土からの抽出器具や顕微鏡が必要であり、一般的には識別できません。

（ウ）その他（キタネコブセンチュウ）

キタネコブセンチュウはラッカセイに寄生し、野菜に寄生しません。そこで、野菜とラッカセイを輪作すると、双方にとって防除効果があります。

②防ぎ方

土壌センチュウの防除には、基本的な土壌管理が大切です。完熟堆肥による土作りは、3種類のセンチュウの生息密度のバランスを保つ上で効果があり、センチュウ被害の発生を抑えます。センチュウの密度低下のために、次の対策があります。

・マリーゴールド（高性種）やクロタラリアを3カ月以上栽培する。青刈りすき込みをする場合は、1ヶ月以上腐熟期間をおいてから野菜の種子をまく。

・ニンジンの根腐病の被害が多い畑では、4～5年間根菜類の栽培を止める。

・生の米ぬか（肥料）を10アール当たり約500kg 入れて土とよく混ぜ、1ヶ月以上たってから野菜を植え付ける。米ぬかが土に混ざると、アンモニアが増える。寄生性センチュウはアンモニアに弱いので、生息密度が下がる。

❸ その他の鳥獣等

（1）ヒヨドリ、カラスなど

①見わけ方及び被害の出方

ヒヨドリは体がほっそりとして尾が長い、くすんだ青色の鳥です。春にブロッコリーやキャベツの新しい葉が出てくるとさかんに食べます。ふつう2羽でいて、人の気配を感じ

るとピーピーと鳴きながら一緒に逃げて行きます。

カラスは定植したイモ苗を引き抜くことがあります。人気の無いときや朝早く畑にいます。また、最近、ソルゴーの芽生えが食べられる被害が出ますが、キジの害だと思います。

②防ぎ方
- ヒヨドリの対策には、野菜に防虫ネットをトンネルがけする。
- ハトが豆類の芽を食べるので、防虫ネットをべたがけする。
- キジの対策は、ダイズやソルゴーの本葉が5枚くらいになるまでネットをはずさない。その後も被害が心配ならば、うねの両側に高さ10cmくらいに釣り糸を張る。
- ラッカセイは収穫期が近づいたら、さやが露出しないように土を寄せる。
- ダイズやラッカセイの収穫後、乾燥中はネットに入れてしっかりと包む。カラスは袋ごと持って行こうとするので、重石が必要。
- カラスは張り替えたばかりのハウスのビニールをつつくことがある。ハウスの屋根の約1m上方に水平に釣り糸を張る。

(2) モグラ

モグラによって畑にトンネル（地下約10cm）が掘られ、野菜の苗が持ち上げられます。その結果しおれて生育障害を起こします。モグラはミミズや昆虫を食べる肉食動物であり、野菜の根は食べません。これまでモグラ捕獲器やペットボトルに細工した風車などを使って畑から追い出そうとしましたが、思うようにはいかないようでした。私はモグラの対策を根本的に考え直し、モグラがえさ（ミミズなど）をとるときに、あちらこちらにトンネルを掘らなければよいのではないかと考えました。モグラの通行をじゃましないで、むしろモグラのえさ場を直線状に設定しました。具体的には、毎年同じ位置に直線状に有機質肥料を溝施肥しました。そこにはミミズが増えます。その結果、3年くらいでモグラは直線状にトンネルを掘るようになり、苗への被害はほぼなくなりました（図4-6）。ここでは、溝施肥による防除方法について述べます。

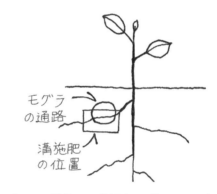

図4-6　溝施肥の位置とモグラのトンネル
（うねの断面図）

①見わけ方及び被害の出方
このほか、モグラによって次の被害が出ます。
- かん水した水がモグラの穴からもれる。
- モグラのトンネルに野ネズミが入り、イモなどを食べることがある。

②防ぎ方
- 毎年同じ所に有機質肥料を直線状に溝施用し、そのすぐ隣にたねまきや定植をする。
溝施肥のやり方はクワ幅で深さ約10cmの溝を掘り、そこに肥料を入れる（第3章7（8）肥料の施し方）。30cm間隔くらいであれば、点

状に穴を掘って肥料を入れても、効果がある。すると、モグラは溝施肥したところを移動するようになる。この方法にしてからモグラの穴が野菜の成長に悪影響を与えたことはない。

・かん水した水がモグラの穴からもれるときは、土で穴をふさぐ。

　ところで、この方法ではモグラが増えるのではないか、と疑問視する人がいました。しかし、モグラのくらしから考えてその心配はありません。モグラ（正確には、「アズマモグラ」【種名】）は、縄張りを形成し、生息密度は決まっています。1匹の縄張りは約450㎡です。モグラの哺乳期間は短く、育児はほとんどしないので、えさの需要が急に高まるということもなさそうです。なお、日本にはアズマモグラのほかにコウベモグラがいます。これらの分布境界線は、神奈川県の箱根あたりとのことです。

（3）ハクビシン

　最近、ハクビシンによって収穫直前のトウモロコシが食べられます。ハクビシンはタヌキに似た動物で、雑食性、夜行性です。

①見わけ方及び被害の出方

　成獣の頭胴長（尾を除いた体の長さ）は約60cm、尾は細長くて30〜50cm、ひたいから鼻にかけて白帯があります。

　一年中活動し、夜間に数頭で連れだって行動するようです。木にも登り、人家の屋根裏などでも繁殖し、人間の生活にも直接的被害が出ています。

②防ぎ方

　収穫を遅らせないことです。

・トウモロコシは、水稲モミ消毒用ネットなどをさやにかぶせて、ひもで袋の口をとじる。

・熟した果実を取り残さない。

・ラジオを一晩中つけておくと、畑やハウスに近寄らないと言われている。

第4章　害虫の被害と防ぎ方

虫カフェ　3
昆虫の名前調べ

　虫を調べるときには、虫見板（濃紺色のプラスチック製の下敷きのようなもの）を使うと便利です。茎葉をかるくたたいてそこに虫を落とします。また、無色透明な大型のポリ袋で虫を集めることができます。晴天の日に、袋を野菜にかぶせて袋の口をひもでしばります。野菜全体にかけても枝にかけてもよいです。直射日光で袋の中が高温になり、数時間でほとんどの虫が死にます。茎葉に付着している虫を袋の底に集めます。早めに袋をはずせば野菜は枯れません。生きている虫がいるときは、再度密封してさらに陽に当てて殺します。袋から出し、乾かしてから調べます。

　羽の有るのが成虫で、無いのが幼虫です。

1　成虫の調べ方

　虫の名前を調べるには、体長（図4-5）、色と模様などを見ます。その結果をすぐに記録票（表4-4）に記入すると正確な記録になります。それから害虫図鑑や昆虫図鑑で調べます。また、この本では「体長」の他に「体の長さ」という言葉も使いますが、たとえば、ガが羽をたたんでいるときの、頭部から羽の先端までの長さをあらわします。

表4-4　成虫用記録票（例）

No.	発見日　　年　月　日	発見場所　水田、畑、	発見者　氏　名

調査項目	データ
1　体長	mm
2　色や模様（斑紋の形、線など）	（チョウ・ガは羽の模様など）
3　虫がいたところ（野菜名、根、葉の別など）	
4　食べ痕の形	（略図を描く）
5　その他	

　昆虫を記録するために、コンパクトデジタルカメラを使うと便利です。ズームマクロ機能付きのカメラがよいです。とくに、防水のカメラは土が付いた手で操作しても、あとでぬれた布でふけるので農作業中の記録に便利です。また、写真には自動的に撮影の日時も記録できます。

　図鑑を見るときは、どんな種類の虫か、あらかじめ見当をつけておきます。おもな害虫は4つのグループに分けられ、バッタ、カメムシ、ガ、コガネムシです（表4-5）。

　なお、チョウやガの体の幅について補足説明します。昆虫図鑑では、これらをあらわす用語に「開長」という言葉を使います。標本を作るときに、チョウでは前ばねの後ろのへりをからだに対して、直角に

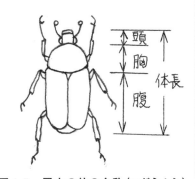

図4-5　昆虫の体の名称（コガネムシ）
注　頭についている2本のひげは触角。触角は体長に含めない。また、腹よりも長い羽を持つ昆虫（例、バッタ）では、羽の長さを体長に含めない。

左右一直線にするという決まりがあります。こうして羽の左から右の端までを測定した長さが「開長」です。これによって正確な測定ができます。標本とは保存用の実物のことです。しかしながら、チョウは生きているときにこのような形はしていません。前後の羽を半分くらい重ね、しかも後ろ羽を腹部に密着させています。また、止まっているときのガは、前後の羽をほとんど重ねて屋根型をしています。

表4-5　おもな昆虫のグループ分け

グループ名	害虫名	4章冒頭でチェックした害虫
バッタ	オンブバッタ、コオロギ	⑦
カメムシ	モモアカアブラムシ、ホオズキカメムシ	⑩
ガ、チョウ	カブラヤガ、コナガ、ヨトウガ モンシロチョウ	① ② ⑧ ⑨
ハチ	アシナガバチ、トラマルハナバチ（益虫）	⑤
コガネムシ	キスジノミハムシ、ニジュウヤホシテントウ、ウリハムシ、ヒョウタンゾウムシ、マメコガネ	③ ④ ⑥

注　グループ名は、専門的な図鑑では、上から順に直翅目、半翅目、チョウ目または鱗翅目、膜翅目、鞘翅目と表記される。

2　幼虫の調べ方

　幼虫の名前を調べるときは、毛の有無や葉の食べ痕などを見ます（**表4-6**）。幼虫はふ化してからさなぎになる前までに数回脱皮して段階的に成長します。おおまかに言って体長が3cm以上の幼虫は熟齢幼虫と同じ色模様ですから、幼虫図鑑で調べられます。一方、若齢幼虫はふつう幼虫図鑑にはのっていません。私は、必要なときは幼虫を飼育し、数センチ以上に育ててから調べます。虫を持ち運ぶときは、虫が入っている容器に直射日光が当たらないように布などで遮光します。

表4-6　幼虫用記録票（例）

No.□　発見日　年　月　日　発見場所 水田、畑、　記入者 氏　名

調査項目	データ
1　体長	mm
2　色や模様（斑紋の形、線など）	（背中側）（横側）
3　毛の有無、毛の色。毛が多いか、少ないか。	
4　歩き方	（尺取り虫のように歩くか）
5　虫がいたところ（野菜名、根、葉など）	
6　食べ痕の形	（略図を描く）
7　その他	

　幼虫の名前を調べるには、背中と体の横側から見ます。脚のある方が腹側です。頭は体の先端の丸くて硬い小さな部分です。逃げられそうならば容器に入れます。動きがはやいものは冷凍庫に約1時間入れ、死んでから調べます。ピンセットやつまようじを使ってよく見ます。

　名前を調べる上で役立つ本は、農業害虫図鑑です。専門的な図鑑（例、農業害虫図鑑）は図書館のほか、県の農業試験場、普及指導センターにあるので、そこで見せてもらえると思います。また、ある程度昆虫の知識があれば、インターネットが便利です。最初のキーワードは、「○○県の農業害虫」です。私はよく「埼玉の農作物病害虫写真集」で検索します。自県のホームページでも検索してください。

第5章
天敵の種類とはたらき

　土着天敵のくらしやはたらきについては、まだよく分かっていません。しかし、私は害虫による被害のていど、野菜の品質、収穫量等から防除効果を総合的に判断し、土着天敵は大きなはたらきをしていると思います。

　また、施設栽培用には多くの天敵資材が販売されていて、これと選択性農薬（天敵への悪影響が少ない農薬）を併用することが始まり、一部で効果（減農薬など）が上がっています。ここで注意すべきことがあります。それは、天敵と農薬の併用にあたっては、双方の特長が活かされて防除効果が上がるということです。一般的に、農薬の使用についてはこれまでにも知識と経験があったと思いますが、天敵についての知識は不十分だと思われます。この状態では、併用すると言っても、防除の軸足は農薬利用に傾くのではないかと思われます。今日、天敵の知識はどのような栽培においても必要であり、そのためには土着天敵の観察が適しています。土着天敵は天敵資材に比べて大型のものが多く、比較的目につきやすいからです。

❶ 天敵の３グループ

　天敵には捕食者、捕食寄生者、天敵微生物物があります。

（1）捕食者

　捕食者とは、テントウムシ、クモ、カエルなどです。これらは、アブラムシやいろいろな昆虫を食べます。クモやカエルは害虫がいないときは他の昆虫などを食べるので、無農薬栽培と草生栽培であればいつも畑にいます。

（2）捕食寄生者

　捕食寄生者は、昆虫に寄生するハチやハエなどです。これらには多くの種類があり、体長は1mm以下のものから数センチのものまでいます。なお、寄生バチは人を刺しません。

（3）天敵微生物　　　　　　（口絵31→v頁）

　天敵微生物とは、昆虫の病気をひき起こすウイルス、カビなどです。一例をあげると、緑きょう病という病気を引き起こすカビがあります。イモムシがこの病原菌に感染すると、菌糸がイモムシの体内にまん延し、イモムシは死にます。まん延した菌糸はやがてイモムシの体表面に出て緑色の胞子をつくります。なお、昆虫の天敵微生物は、人、家畜、ペットには無害です。

❷ 天敵のはたらきと環境

　天敵が活動するためには、その住みかとえさが必要です。草やソルゴーなどに害虫が発生し、それを天敵が食べて増えます。

　また、天敵には野菜や草がつくるおだやかな環境が必要です。害虫は野菜の生育が良いときでも悪いときでもあらわれます。しかし、天敵は野菜があるていど順調に育っていないとあらわれません。この例をあげると、スズ

メガの幼虫はサトイモの畑を歩きまわって葉を暴食しました。しかし、スズメガの天敵はいないようでした。一方、生育おうせいなサトイモにアブラムシが大発生したときは、天敵のクサカゲロウがあらわれてアブラムシはそれ以降減りました。私は、天敵はとなりどうしの野菜の葉がふれ合うくらいの状態を好むように思います。したがって、野菜を疎植（単位面積当たりの植え付け本数が少ない）にするときは、株間を従来どおりにして、うね間を広めにするのがよいと思います。

　ところで、天敵は肉食なので、天敵間で食う、食われるという関係があります。つまり、天敵間には敵対するものがあります。トンネル内に数種類の天敵を入れる必要があるときには、天敵の組み合わせに注意する必要があります。

　これから天敵について述べますが、成虫だけでなくなるべく卵、幼虫、さなぎについてもふれます。その理由は、幼虫やさなぎがいることは、天敵がそこで繁殖している証拠だからです。

（1）テントウムシ　　　（口絵32〜36）

　テントウムシはアブラムシの天敵です。成虫は3月からナナホシテントウ、4月からヒメカメノコテントウがあらわれます。これらの種類は、いずれも体に光沢があるのが特徴で、ひっくるめて「テントウムシ」とよばれます。漢字で書くと、それぞれ「七星天通」、「姫亀の子天通」です。

①テントウムシの種類

（ア）ナナホシテントウ【種名】

　成虫に7個の黒色の紋があります（**口絵32 → v 頁**）。成虫は早春からあらわれ、夏に一時姿を消し、8、9月からまたあらわれます。

　早春に冬眠からさめた成虫は、卵を一か所に20個くらいまとめて産みます。卵は紡錘形で長さ約1mm、橙黄色です（**口絵33 → vi 頁**）。ふ化した幼虫は近くの草にいるアブラムシを食べて育ちます。

　熟齢幼虫は細長く、体長約1cm、体色は暗い青色で、小さな橙色の斑紋があります（**口絵34 → vi 頁**）。

　さなぎは体長約7mmでダンゴムシのような形です。体色はあざやかな橙色の地に黒い紋があります（**口絵35 → vi 頁**）。

　関東地方では、早春からカラスノエンドウやナズナが地面をはうようにして成長します。そこでアブラムシが増殖します。ここで育ったたくさんのテントウムシがその後野菜に移動していきます。

　また、ナミテントウというのがいます。これはナナホシテントウとよく似ていて、アブラムシを食べます。羽の紋が無いものから19個のものまでいます。

（イ）ヒメカメノコテントウ【種名】

　成虫の体長は約4mmで、ナナホシテントウよりも小型です。体色は黄色の地に黒色の亀の甲らのような模様があります（**口絵36 → vi 頁**）。成虫は秋まで見られます。ヒメカメノコテントウは、ナナホシテントウとちがって夏にもアブラムシを食べるので有力な天敵です。

②保護と環境作り

　テントウムシは種類ごとにちがうくらし方をしています。ここでは、春のナナホシテン

表 5-1 体長によるハチの見分け方と刺される危険性

	体長　mm	危険性	備考
スズメバチ	25〜40	大	日本で最大のハチ
ハラナガツチバチ	25〜30	無	体長の割に腹が長い。毛深い。ソバの花に来る。
セグロアシナガバチ	23	有	
トラマルハナバチ	12〜20	無	全身黄色い種類が多い。
クロスズメバチ	12〜16	有	体色が最も黒い。
ミツバチ	10〜13	有	

注　体色が黄色と黒色のまだら模様のハチを、体の大きい順に並べた。

トウの保護の方法を述べます。

・3月と5月に畑の中の枯れ草、材木、プラスチックのごみなどに卵を産む。卵が産み付けられているものを片付けない。

・カラスノエンドウでアブラムシが繁殖し、それがナナホシテントウのえさになる。カラスノエンドウはなるべく除草しない。

・ジャガイモの葉にさなぎがつくので、ジャガイモ畑の近くに生えているカラスノエンドウはなるべく除草しない。角材やブロックべいなどもさなぎの足場になる。

(2) ホソヒラタアブ　　（口絵 37 〜 39）

4月にホソヒラタアブ【種名】の成虫があらわれます。体がほっそりしたカラフルなハエのようです。よく花の近くでホバリングしています。ホソヒラタアブの幼虫はアブラムシの天敵で、真夏にもアブラムシを食べます。

①ホソヒラタアブの生活

ホソヒラタアブの成虫は、体長約1cm、体色は橙色で、黒色の細かい横線があります（口絵 37 → vi 頁）。成虫の食べ物は花の蜜です。

アブはカラスノエンドウなどの葉に卵を産みます。熟齢幼虫は体長約1.3cm、無色透明のうじむしです（口絵 38 → vi 頁）。食べたアブラムシの色によって、幼虫の腹の中が茶色

や緑色に見えます。

アブのさなぎは体長約7mm、体色は淡いピンク色です。体の片方が細く、そちらが頭部です（口絵 39 → vi 頁）。野菜の葉にはりついています。成熟したさなぎは茶色になります。

なお、害虫の天敵ではなく、家畜や人を刺すアブがいるので注意してください。成虫の体長は約3cmで、ホソヒラタアブよりもずっと大型なので区別がつきます。

②保護と環境作り

ホソヒラタアブの成虫は花の蜜を食べるので、一年中何かの花が咲いているようにします（表 3-1、p.42 左）。ソバやシロツメクサの花を好みます。

(3) アブラバチ　　　（口絵 40 → vi 頁）

4月にアブラバチの成虫があらわれます。幼虫がアブラムシに寄生します。アブラムシ1匹の中でアブラバチ1匹が育ちます。

なお、ホソヒラタアブとアブラバチだけがこの本で取り上げた捕食寄生者です。捕食寄生者にはこれらのほかに多くの種類があって天敵資材にもなっていますが、識別がむずかしいので省略しました。

①アブラバチの生活

成虫は体長2～3mm、体色は黒色のハチです。このハチに寄生されたアブラムシは、少しふくらんで銀色や茶色に変色します。よく見ると、穴のあいたマミー（寄生されたアブラムシの外殻）がありますが、それは寄生バチが出たあとのぬけがらです。

アブラバチの成虫は畑ではなかなか見つかりません。これを見るにはマミーから羽化したものを見ます。マミーのついた葉をガラスびんなどに入れてふたをし、雨や直射日光の当たらない所に置きます。5～10日くらいで、小さなアリのようなハチがあらわれます。冷蔵庫の冷凍室に1時間くらい入れ、死んでから虫めがねで見ます。

②保護と環境作り

収穫後のアブラナ科の野菜にアブラバチのマミーがついていたら、それが羽化してから畑のあとかたづけをします。野菜収穫後半月くらいすれば、ほとんどが羽化します。

ところで、野菜の葉に寄生バチなどがはさまって死んでいるのを見ることがあります。それらは羽のあるアリのように見えますが、流通中に挟雑物（野菜にはさまっているゴミ）という扱いを受けるそうです。挟雑物であることにちがいはないのですが、それがはさまっていても野菜の品質には影響しないと思われます。除くなり、その部分を洗えば問題ないと思います。いろいろな立場の人に天敵の存在を知ってもらえればと思います。

（4）アシナガバチ   （口絵41 → vii 頁）

アシナガバチは軒先や庭木などに巣をつくる黄色のハチです。アブラムシやイモムシな

どを捕らえて、巣に運びます。巣の外に出て働くハチは働きバチで、巣の中にいる母親（女王バチ）と妹（幼虫）たちを養うお姉さんバチです。ここではフタモンアシナガバチについて述べます。

①フタモンアシナガバチ

フタモンアシナガバチ【種名】は体長約18mm、体色は黒色で、腹部の前のほうに1対の黄色の斑紋があります。

このハチはおとなしいハチで、巣がついている木などをゆすったり、巣にさわったりしなければ人を刺すことはありません。しかし、草が生い茂ったところを、夕方暗くなってから除草するのは止めましょう。草むらの中にハチの巣があって気がつかないで刺されることがあるからです。

なお、スズメバチが1匹、アシナガバチの巣にいるのを見たことがあります。スズメバチはアシナガバチの幼虫やさなぎを採って食べます。そのとき、アシナガバチは何の抵抗もしません。スズメバチはアシナガバチを追い払いません。スズメバチの体は、アシナガバチよりも1cmくらい長く（体長約3cm以上）、胴体も太いです。スズメバチがいたらすぐに静かにそこから離れてください。

スズメバチは、食事中は攻撃的ではありませんから、3mを超えて離れていれば、観察できます。白い帽子、白い衣服を着ていれば、より危険性が減ります。

②保護と環境作り

畑の周りにソルゴーやソバを生やします。これらはハチのえさ場になります。アシナガバチを特別に保護する必要はありません。た

だし、巣をみつけたら危険防止のために家の人に知らせましょう。また、冬に材木などを動かしたときにハチを見つけたら、それは冬眠中の女王蜂です。春になると女王蜂は卵を産みますから、そのままそっとしておき、材木はなるべくもとどおりにします。

よく見かけるハチの体色はいずれも黄色と黒色の配色なので、ハチの種類を見分けるのはむずかしいですが、まず体の大きさを見ておこないます。参考までに、体長によるハチの見分け方と危険性を示しました（**表5-1**）。危険性のないハチでも手でつかめば刺しますが、多くの場合、症状は軽いです。

（5）ゴミムシ　　　　　　（口絵42、43）

ゴミムシ類の成虫は、体長1～2cmのものが多く、固い前羽（まえばね）（羽をたたんだときに上側になる羽）があります（**口絵42→vii頁**）。体色は、黒色や赤銅色のものがほとんどです。ゴミムシ類はヨトウムシなどの天敵です。積んである草の下や堆肥を移動したときにちょこちょこと歩き出す虫です。

①ゴミムシの種類

名前はゴミムシですが、きたない虫という意味ではありません。形や色は地味ですが光沢があり、見方によってはきれいな種類があります。ゴミムシには多くの種類があり、オオゴミムシ、アオゴミムシなどがいます。

雑食性で、多種類の害虫や雑草の種子を食べます。ほとんどが夜行性で、言わば夜回り天敵です。草や野菜の上にものぼります。野菜の心葉がまかれて、その中に幼虫がいました（**口絵43→vii頁**）。葉は食べません。

ゴミムシには雑木林の林縁（りんえん）に住み、林と畑を往来する種類がいます。また環境指標生物として利用されている種類があります。

②保護と環境作り

保護のために畑の所々に刈った草を積んでおきます。

ところで、わが家の畑にはこれらの虫がどれくらいいるのかを調べてみました。その方法は、ピットフォールトラップという方法です。口径、深さともに10cmくらいの空き缶やびんを地面すれすれに埋め、その中に誘引剤として粉末すし酢（例、商品名「ミツカンおすしの素」）をティースプーンに半分くらい入れます。共食いをさけるために、びんの底に草の茎などを折って入れます。一夜おいて翌朝ビンの中にいる虫を調べました。その結果、ゴミムシ、ハサミムシ、クモ、ダンゴムシがいました。8月下旬の結果では、一カ所で、順に1、4、2、2匹でした。ハサミムシはハエの幼虫、ヨトウムシ、アブラムシを食べます。アリもよくトラップに入ります。これらの虫は植物の上にものぼりますので、じっさいにはもっといると思います。

③最近、重要視された天敵

これまでゴミムシは人間の生活にはほとんど関係がないと思われていました。しかし、最近の研究から、ほぼ1年中活動する天敵として重要視されています。

トンネルの中にゴミムシを誘いこむ方法があります。トンネルのすそをまくり、木片などをはさんで数カ所すき間（例、幅約10cm、高さ数センチ＝すき間ていど）をつくります。そこの地面に粉末すし酢をティースプーンに約1杯、線状におきます。ネットの外側から

内側にかけて長さ30cm くらい置きます。夜間それに誘われてゴミムシなどがトンネルの中に入ります。粉末すし酢をおいてから2、3日後にトンネルのすそを閉じます。長さ50 mのトンネルならば、この誘導口を2、3設ければよいです。

また、ピットフォールトラップで天敵を捕まえてトンネルの中に放せば、入れた数が分かります。そこで、どれくらいまで天敵の種類と数を減らせるかの調査も可能です。

なお、ゴミムシのなかには捕まえた瞬間、腹端から白いガスを噴射するものがいます。虫の防御反応です。このガスは刺激性が強く、目に入ったり皮ふの柔らかいところについたりすると痛みますから、捕まえるときは注意します。すぐに虫に顔を近づけないでください。

（6）クモ　　　　　　　（口絵44 〜 47）

クモはアオムシや小さなガをはじめ、動いているものなら何でも食べます。クモには空中に巣を張ってえさをとるものと（口絵44 → vii 頁）、地面や野菜などの上を歩いてえさをとるものがあります。後者を徘徊性のクモといい、天敵として重視されています。徘徊性のクモは地味な色模様で動きがはやいです。

①クモの種類
（ア）ハナグモ

ハナグモ【種名】は、体長3 〜 8 mm、体色は緑色です。背中や脚が茶色のものもいます。待ち伏せしてえさをとります。イモムシがダイズの葉を食べ、ハナグモがそのイモムシを食べるという食物連鎖が見られます（口絵45 → vii 頁）。

（イ）ウヅキコモリグモ

ウヅキコモリグモ【種名】は体長約1 cm、体色は茶色です。体中まだらのクモです。漢字では、「卵月子守蜘蛛」です。1年中見られます。卵が入った卵嚢を腹の下につけて歩いているものがいます（口絵46 → vii 頁）。卵嚢の色は淡い褐色または青色です。直径5 mmくらいの、丸いバックです。このクモは小型のガを捕らえます（口絵47 → vii 頁）。

（ウ）コサラグモ

コサラグモの仲間は、体長1.5 〜 3.5mm の小型のクモです。この仲間には、セスジアカムネグモ【種名】、ノコギリヒザグモ【種名】などがいます。体色は光沢のある黒色で、脚はあめ色です。水田に多く、小さな皿状の網を地面近くに張ります。

5 月末から梅雨明け前まで、水田を離れて畑にいる種類がいます。そのコサラグモは、ガの若齢幼虫の集団を襲います。夜間にこのクモがイモムシの集団（1集団約100 匹）をおそうと、集団は混乱し、多くの幼虫が葉から落ちます。地面に落ちたイモムシは、ゴミムシに食べられます。コサラグモ1匹で一夜にしてその集団は壊滅するとのことです。

ところで、多くの昆虫は、健全な成長のために若齢のときの集団生活が重要です。そこで、コサラグモのまねをしてみました。サトイモの葉にいた若齢イモムシの集団につめの先で十文字の切れ込みを入れて、集団を4つに分断しました。つめの先に当たった部分の幼虫はつぶれました。その結果、すぐに集団は壊滅しませんでした。クモの攻撃とつめ先の処置では、イモムシの反応がちがったのです。その後、半月間観察を続けたところ、イモムシたちは数グループに分かれて、サトイ

モの葉の縁に分散しましたが、発育が悪く死滅しました。葉がべたべたした感じになって不衛生に見えました。ただし、ツバキなどの葉にいるチャドクガや、柿などの葉にいるイラガは集団で生活していますが、毒虫ですのでさわってはいけません。

②保護と環境作り

草生栽培でクモを保護します。また、ある種のクモは、クモの糸で葉をからげて谷折り（折り紙の「谷折り」）にし、その中に白い綿のようなものをつめます。これは卵嚢ですから、取り除かずそのままにしておきます。

(7) アマガエル　　　　　　（口絵48、49）

アマガエル（種名は「ニホンアマガエル」）は、田畑や野原などにいます。動いている虫を食べます。口が大きいので比較的大きな虫も食べます。

春から秋にかけては、鮮やかな緑色や淡い茶色です（**口絵48 → vii 頁**）。冬眠中や春に地面に出てきて間もない頃には、淡い茶色の地色に黒色の斑点があります。

①アマガエルの生活

アマガエルは、日没頃から夜にかけてえさをとります。長野県松本市近郊で無農薬栽培のキャベツ畑にたくさんのアマガエルがいるのを見たことがあります。その畑の管理者は、カエルが害虫を食べるので殺虫剤を使わない、と言っていました。

アマガエルは梅雨期に水辺で産卵します。成長すると水辺をはなれ、草や木の上でくらします。ソルゴーやサトイモの葉の上でもよく見られます。

②保護と環境作り

畑の一部のうねにソルゴーをまきます。初夏に種子をまくと、夏から秋に茎葉が茂り、アマガエルの居場所になります。ふつうアマガエルは草原などを通って、水辺から畑に移動します。最近、水辺とわが家の畑との間が裸地（除草のための耕うんのみ）になったので、わが家の畑までカエルが来なくなるのではないかと心配になりました。そこで、水田に近い方の畑の隅に、不用になった浴槽を埋めて雨水をためました。カエルの旅のオアシスにしたつもりですが、そこにカエルが産卵しておたまじゃくしが育ち、カエルが増えました（**口絵49 → viii 頁**）。その浴槽の底から40cmの高さのところに直径3cmの穴が一つあります。パイプが接続していた穴です。この穴は地面のレベルに合わせてあり、カエルの出入り口になっているようです。同時に、ヘビ（カエルの天敵）などの侵入を防いでいると思います。

庭の木でカエルを見つけても、カエルを遠くに投げ捨てたりするのはやめましょう。カエルは木の害虫を食べます。

③アマガエルでトンネルの中の害虫防除

防虫ネットのトンネルの中にカエルを入れると害虫を食べます。カエルを捕まえる方法は、7月頃に小さめのカエルにねらいをつけ、片方の手ですばやくやさしくつかみます。もう一方の手をかぶせて、トンネルに運びます。大きいカエルはジャンプ力があるのでなかなかつかまりません。

虫カフェ　4
目で見る天敵のはたらき（オオフタオビドロバチ）　　　　　　　（口絵50→viii頁）

＊＊

　イモムシを捕まえるオオフタオビドロバチ【種名】というハチの話です。漢字では、「大二帯泥蜂」です。体長は約1.5cm、体色は黒色で黄色の横線が2本あります。飛び方は、ハエのようですが、よく見ると黄色の斑紋があります。このハチは、夏に太さ2cmくらいの竹筒の中に巣を作り、卵を産みます。飛びながらイモムシを運んできて、筒の中に十分にためると入り口に泥をつめてふたをします。筒の内部に数センチおきに土で仕切りを作ります。この巣から翌年の初夏に成虫が羽化します。

　このハチは簡単に観察できます。5月頃に竹筒の片方の節を切り落とし、長さ約15cmに切りそろえます。次に筒を縦に2つに割り、もとのとおりに合わせてテープでとめます。10本以上の竹筒を束にして、小屋などの軒下の高さ1.5mくらいの所につるします。茶の木にはハマキガやメイガが発生しますが、無農薬栽培の茶畑の近くに竹筒を仕掛けると、ハチが次から次にそれらのイモムシを抱えて飛んできて、その中に詰めていくのが見られるとのことです。ハマキガは農薬がかかりにくくて防除が難しい害虫なので、その場にいる人たちはハチのはたらきに感心するそうです。7月にテープをはずして竹筒を開くと、イモムシが詰まっています。イモムシがすでになく、茶色の小さな丸いものがたくさんあれば、それは食べられたイモムシの残骸です。丸く太った、つやつやしたイモムシがいますが、それはオオフタオビドロバチの幼虫です。その後、8月下旬以降に竹筒をあければ、茶色のセロファンのようなものに包まれた、ハチのまゆがあります。ためしに私も、5月に竹筒を10本束にして軒下につり下げました。7月下旬に竹筒を開けてみたら、たくさんのイモムシが詰まっていました。このイモムシは、ハチによって神経が麻酔されているので死なず、腐りません。

　翌年、ハチが羽化した後は、ふたはほとんど無くなりますが、いくつかの竹筒には、ふたが付いていて小さな穴が開いているものがあります。それは、オオフタオビドロバチの幼虫に寄生する、また別のハチ（2次寄生蜂）のしわざです。自然の奥深さが感じられます。

(8) 天敵微生物　　　（口絵51 → viii 頁）

　天敵微生物によって病気にかかった虫は、最期には茎の先端や葉のふちに登って死にます。虫の死体はしばらくそこにはり付いています。雨が多くて湿度の高い年によく見られます。その後、風雨で飛ばされてほこりのように飛び散っていきます。このほか、私はハエが虫の死体を食べに来て、天敵微生物が運ばれると思います。

　病死虫のかんたんな利用法は、若齢幼虫の集団を見つけてそれに病死虫をなすりつけることです。

①天敵微生物による昆虫の病気
（ア）ウイルス病
　ウイルスによって引き起こされる病気です。

チョウやガの幼虫に多く発生する核多角体病（かくたかくたい びょう）があります。この病気になると、イモムシの体はフニャフニャにやわらかくなります。つぶすと、白くにごった液が出てきます。その液にはイモムシの体内で増殖したウイルスが含まれています。

（イ）硬化病（こうかびょう）

カビによってひき起こされる病気です。死後、昆虫（幼虫、成虫ともに）の体は硬くなり、緑色、白色、黒色のカビの粉（胞子、「分生子（せいし）」ともいう）でおおわれます。硬化病は、胞子の色で分類され、緑きょう病、白きょう病などがあります。「きょう」とは、ミイラという意味です。

なお、これらのほかに細菌その他による病気がありますが、識別が難しいので省略します。

②天敵微生物の増殖と拡散　（口絵52、53）

私は天敵微生物を畑の中で増やしたいと思い、病気にかかって死んだ虫がいたら、それを害虫のいるうねに持って行きます。病気を感染させるためです。

（ア）天敵微生物をイモムシになすりつける

病死虫をつぶして健康なイモムシになすり付けます（表5-2）。幼虫が食べている葉にも付けます。病原菌には、昆虫の体の表面に付着して発病するものと昆虫に食べられて発病するものがあるからです。この方法の成功例を紹介します。7月にサトイモの葉で体長約1.5cmの白色の病死虫を採集しました。これをソバの葉にいたイモムシ（若齢幼虫）の群れになすりつけました。その後、そのイモムシたちは、体長が約3cmに成長した頃に死に、体の表面に白色と灰色のカビが発生しました。

湿度が高い年や時期は発病率が高まります。害虫の体質には個体差があって、抵抗性のあるものとないものがあると考えられますから発病の様子は様々だと思います。この方法は私の思いつきで実施していることです。

なお、病死虫は晩秋に採集することが多く、その頃は害虫の若齢幼虫がいませんので翌年利用するために保存します。ポリ袋に入れて冷蔵庫の冷凍室に入れます。その際葉や土がついていればなるべく取り除きます。病死虫は暴風雨の後では、とばされて見つけにくくなりますので、天候が荒れる前に採集します。

病死虫を使うときには、袋に入れたまま室内で解凍し、それを割りばしなどにはさんでイモムシになすり付けます。冷凍室での保存期間は1年以内がのぞましいです。

表5-2　昆虫のおもな病気と病死虫の利用法

病名 ＼ 特徴	昆虫の皮ふの変色	体の硬さ	病死虫の保存について	利用方法（注）
ウイルス病	黒色やこげ茶色になる。	軟化する。体液が白く濁る。	冷蔵庫の冷凍室で保存し、1年以内に使う。	病死虫の体液や体の一部を、害虫のいる葉になすりつける。
硬化病（コウカビョウ）	緑色、黒色、白色、黄色の粉（胞子）でおおわれる。粉の出始めは、みな白色。	硬化する。		病死虫に生えたカビの粉をイモムシになすりつける。

注　若齢幼虫（ジャクレイヨウチュウ）の集団に接種するのが効果的

虫カフェ 5
害虫の病気の大発生を見た（ヨトウムシなど）

　私は、10年前に農業を始めましたが、その前年の秋に病気で死んだヨトウムシが、畑一面の雑草（おもにアカザ）についているのを見ました。また、以前にも、梅の木で大量のケムシ（モンクロシャチホコ【種名】）が、ウイルス病にかかって死んでいるのも見ました。そのときは、黒色のケムシがたくさん小枝にぶら下がっていました。

　昆虫の病気の大発生は何年かごとに起きますが、じつはこの原因である天敵のパワーを感じて、土着天敵の利用を思いつきました。また、数は少ないですが、毎年晩秋にウイルス病にかかって死んだ幼虫が見られます。ハクサイなどの葉のふちでよく見つかります。

　しかし、その後自分の畑で見つかる病死虫は期待に反して多くありませんでした。病死虫が手もとにないときには、「BT剤」を使います。BT剤はいろいろな商品名で売られています。BT剤を使って天敵微生物のはたらきと病死虫を見ておくのは有意義だと思います。

　そこで、いっしょに農作業をしている家人や友人に天敵の利用について理解してもらい、病死虫を見つけてもらうとおおいに助かります。

　2016年、関東地方南部の秋の気温は低めで、雨天が続き、非常に多湿でした。ダイズのトンネルのなかでハスモンヨトウの幼虫が大発生しましたが、3齢頃までにウイルス病にかかったようで、死滅しました。ダイズの被害は抑えられました。

　また、病気で死んだイモムシと生きているヨトウムシを採集し、同じ容器で飼育すると病気がうつって病原菌が増えると、言われています。その死体を水に溶かして、イモムシにスプレーするという利用法です。そこで、じっさいに飼育してみましたが、ほとんど発病しませんでした。今後は湿度を高めに管理して飼育してみたいと思います。

（イ）見せしめ法による天敵微生物の拡散

　害虫を殺して野菜にひっかける、という話を知人から聞きました。害虫への見せしめだ、とのことですが、私もやってみました。生きた昆虫の皮ふを破り、野菜などの先端にひっかけます。すると、そこにハエやアリが数分間のうちにやってきます（口絵52→viii頁）。ハエなどの体に天敵微生物がついていれば、天敵微生物が野菜に運ばれると思います。ハエやアブは、足や毛に付いた花粉や汚れを常に落とします（クリーニング）（口絵53→viii頁）。また、ハエによって野菜の病気の病原菌が運ばれることも考えられますが、わが家の畑では野菜の病気はほとんど発病しません。

　私はこの方法を「見せしめ防除法」とよぶことにしました。じっさいに畑ではこの方法をよく使います。害虫が憎いとの思いから、足で踏みつぶしたり、遠くに投げ捨てたりする人がいますが、それはもったいないことです。

　また、病死虫をソバなどの花にひっかけます。ヨトウガ、モンシロチョウ、ハエなど多くの虫が蜜を食べにソバの花を訪れます（表5-3）。ソバの蜜を吸った害虫などが、体に天敵微生物をつけて飛び立ち、これから産卵し

第5章　天敵の種類とはたらき

表5-3　ソバに来る虫と野菜の害虫との関係（日中）　　　　　　　　　　　　　　　　　　　（千葉県の例）

虫が行く野菜	訪花昆虫（成虫がソバの蜜を食べる）										害虫（幼虫、成虫がソバの茎葉を食べる）			
ソバに来る虫	イチモンジセセリ	ミツバチ	ハナアブ類	マルハナバチ類	モンシロチョウ	ハエ類	アリ類	アシナガバチ	ツチバチ類	テントウムシ類	カメムシ類	アブラムシ類	カブラヤガ	ヨトウガ類
ダイコン		○	○		●	○	○	○		○	○	●	●	●
ニンジン	○		○			○	○	○		○	○	●	●	●
ピーマン			○			○	○	○		○	●	●		●
ダイズ			○			○	○	○		○	●	●		●
カボチャ	○	○	○	○	○	○	○	○		○		●	●	
キュウリ	○	○	○	○	○	○	○	○		○		●	●	●
ゴマ			○							○		●	●	●
ネギ	○	○	○		○	○	○	○		○		●	●	●
ハクサイ		○	○		●	○	○	○		○	○	●	●	●
キャベツ		○	○		●	○	○	○		○	○	●	●	●
ブロッコリ		○	○		●	○	○	○		○	○	●	●	●
ジャガイモ			○			○	○	○		○	●	●		
サトイモ			○			○	○	○		○		●		●
サツマイモ			○			○	○	○		○	●	●	●	●

注　○：天敵、ただの虫
　　●：害虫
　　　○と●は、いずれも肉眼による野外での調査結果
　　（空欄）は、関係が不明
　　カブラヤガとヨトウガ類の成虫（ガ）は、ソバの花蜜も食べる。
　　ツチバチはコガネムシの幼虫に寄生する。ツチバチが立ち寄る野菜の種類は確認できなかった。

ようとする野菜に止まって微生物をその野菜に付着させる可能性がある、というふうに私は考えました。

　ここで、ハエがいろいろな微生物を運搬することについて、衛生的な観点からつけ加えます。前にも述べましたが、昆虫の病気を引き起こす微生物は人間や家畜、野菜などには無害です。ハエは人間の病原菌も運びますが、衛生観の普及や消毒の徹底によって、今日の日本では重大な病気の感染はほとんどなくなりました。

❸　天敵のミニワールド

　無農薬栽培を始めてから畑に天敵が増えました。とくに目立つものは、テントウムシ、クモ、アマガエルです。防虫ネットのトンネルの上に這い上がるクモは驚くほど多数です。わが家の畑は農薬を使用している畑や、除草のためにトラクターで耕うんしている畑に囲まれていて、天敵が豊かに存在する環境ではありません。ではなぜ天敵が増えたのでしょうか。考えられることは、天敵はいつでも畑や野原を行き交っているということです。そ

して、わが家の畑に舞い降りたり、歩いてき
たりした天敵がえさと住みかを得て、繁殖し
たのではないかと思います。常に一部草を残
して除草している畑ですが、天敵たちには魅
力的なところのようです。

　また、天敵が住みつくためには、「ただの虫」
がいなければなりませんが、ただの虫は無農
薬栽培で、草生栽培であればどこにでもいま
す。その生息数は膨大な数にのぼり、田畑で
も重要な役割（有機物の分解など）を担って
います。畑での調査研究が見当たらないので、
水田での例をあげますと、トビムシ（例、ア
カボシヒゲナガトビムシ【種名】）やユスリカ
類などがただの虫です。これらの昆虫は、天
敵がえさ不足のときには天敵（クモやカエル
など）のえさになります。このように、「ただ
のむし」は、じつは「ただならぬ虫」である
という考え方があります

　天敵間にはバトルがあります。その内容は、
ゴミムシがカエルの体液を吸います。カエル
がクモを食べることがあります。なかでも
弱っているクモがねらわれると思います。ま
た、テントウムシを食べると苦いので、カエル
はテントウムシを食べません。数種類の天敵
を一つのトンネルの中に入れるときには、天
敵間でひどい食い合いがない組み合わせにす

ることが必要です。そこで、トンネルの中に天
敵を入れる際に、クモ、テントウムシ、カエ
ルを第1天敵グループに、ゴミムシ、クモを
第2天敵グループに分けます。後者の天敵の
ほうが省力的に集まるので、栽培規模が大き
い場合は第2グループにするとよいです（第
5章2（5）ゴミムシ）。いずれもその後の害
虫の発生状況を見守る必要があります。

　次に、天敵が定着するために必要な面積に
ついて考えてみました。わが家の畑は数か所
に分散していて、各々の区画（一まとまりの
畑）は7アールくらいです。いずれの区画で
も多種類の野菜を作り、そのうちの1、2本
のうねにソバや雑草を生やしています。これ
くらいの面積で多種類の天敵が毎年発生する
ということは、天敵がそれほど広くない畑に
定着できるということだと思います。言いか
えれば、10アール弱の畑で天敵の再生産が可
能だったことになります。

　なお、害虫、天敵、ただの虫という区分は
ありますが、昆虫の表皮はキチン質でできて
います。いずれも死後土の中で、そのキチン
質の分解物によって野菜の病原菌の活動を抑
える微生物が増加する、ということが分かっ
ています。

おわりに

　私は若い時にレイチェル・カーソンの「沈黙の春」（新潮社版）を読んで感動し、それ以来農薬を使わないで農業をやりたいという願望がありました。「沈黙の春」は1964年に出版（日本語訳）され、農薬への過度の依存による環境や人体の汚染を指摘しました。その後BHCやDDTなどの農薬が使用禁止になりました。

　私は普及指導員を退職後、露地野菜の有機無農薬栽培を始めました。元来、昆虫に興味があったので、防除や害虫の観察に目が向きました。天敵や化学農薬は、害虫（幼虫）が若いときによく効きます。ですから、農薬の使用、不使用にかかわらず、若い幼虫の名前を知る必要があります。多くの昆虫で、若い幼虫と成長した幼虫は色や模様が違います。そこで、両方の写真撮影に努めました。また、おもな土着天敵の幼虫、さなぎ、成虫の写真も口絵に載せました。

　かえりみますと、無農薬栽培を始めた頃は、害虫が増えるのも加害するのも勝手にさせていたのだと思います。しかし、同時に害虫は天敵のえさになっていたのです。それが証拠に、無農薬栽培を始めてから4年くらいで、主要害虫の数が目立って減りました。私は、天敵が害虫の数を抑制できない段階から抑制できる段階へと移行する過程を体験したのだと思います。じっさいに、農作業中に天敵を見つけると作業を中断して害虫のいる畑に持っていったり、容器に入れて家に持ち帰り、飼育して名前を調べたりしました。それこそまめにやりましたが、このこともこの本の中に書きました。それらのなかには、今思えばやら

ないでもよかったことがあったのではないかと思います。しかし、やはり当分の間はこのやり方を続けていきます。天敵のはたらきの大小にこだわらずに、天敵全体を保護していくつもりです。

　最後に、これから有機農業の道に進みたい方々に、私からお伝えしたいことがあります。これまでに、有機農業をやりたいという若い人たちに接する機会が何度かありました。たまたま土つくりの研究会などで意欲的な人たちに会うたびに心強く感じたものです。その反面、突っ込んだ話の中で感じたことがあります。それは、作物栽培と防除の知識が不十分ではないか、ということです。

　野菜作りでは、土作りの上に各々の野菜の特性を引き出す技術的な積み上げが必要です。この本で強調したかったことは、野菜が順調に育っても害虫の被害はあり、それによる損失はばかにならないということです。野菜作りと同時に天敵がはたらく環境作りが重要です。無農薬で露地野菜を栽培するためには、これまでに一般的に知られている技術だけでは不十分だと思います。この本では、すでに知られている知識、技術のなかで重要なものや、私が工夫した技術を紹介しました。もとより農業技術の導入に当たっては、独自の工夫や手加減（調整）が必要です。有機無農薬栽培の技術に多面的な防除技術を加え、目指す目標に到達されることを願ってやみません。

　2018年7月

　　　　　　　　　　　　堀　俊一

参考図書

農耕地におけるクモ類の働き　植物防疫第 43 巻第 1 号（1989 年）ほか　社団法人　日本植物防疫協会

天敵ウォッチング　根本　久・和田哲夫著　日本放送出版協会

バイオロジカル・コントロール　仲井まどか・大野和朗・田中利治編　朝倉書店

伝承農法を活かす家庭菜園の科学　木嶋利男著　講談社

土の生きものと農業　中村好男著　創森社

庭・畑の昆虫　中山周平著　小学館

菜園の害虫と被害写真集　池田二三高著

天敵大事典　上・下　農文協編

農業科学基礎　高等学校農業科用教科書　生井兵治ほか　農文協

有機農業ハンドブック　日本有機農業研究会編集・発行

総さくいん

あ
青刈りすき込み……**52**, 72
青枯病……24
アゼナミ……21
アリ類……44, 87
アンモニア態窒素……50
１条まき……14
イネ科雑草……51, 70
イネ科牧草……55
ウイルス病……（作物の）23, **61**, 72, （害虫の）**84**-86
羽化……14, 33, 35, 45, **58**, 64, 71, 80
ウツギ……41
うどんこ病……24
栄養器官……25
益虫……1, 57, **58**, 76
疫病……26

か
改良種……30
核多角体病……85
額縁草生……12
火山灰土……20, **48**, 54
カニガラ……54
カボチャ……11, **23**, 25, 47, 54-55, 57-58, 66-67, 87
カラスノエンドウ……42, **44**, 78-79
カリ……52, 53, 54
カルシウム……28, 51
環境指標生物……81
慣行栽培……8, 45
甘露……32
岐根……18
キジ……31, **47**
ギシギシ……45
キチン質……88
キャベツ……7, 11, **35**, 57, 60- 62, 72, 83, 87

魚かす……53
菌核病……36
菌糸……77
茎腐病……28
草刈り機……14, 23-24, 42, **46**
原因……**9**, 10, 39, 52
更新剪定……27
硬実……32
交配種……38, 42
黒はん病……18, 55
骨粉……54
固定（窒素の）……50
コメヌカ……54
コンパニオンプランツ……47
根粒……29, **52**

さ
作土……48
サトイモ……8, 11, **19**, 47, 55, 56, 58, 64, 78, 82, 85, 87
さなぎ……14, 22, 31, 35, 45, 56, **58**, 61-64, 66, 67, 71, 76, 79, 80
在来種……21, 30, 32
三角ホー……17
酸性土壌……37
若齢幼虫……20, 33, **61**, 63-64, 76, 82, 84-85
熟齢幼虫……**20**, 26, 33, 62, 64, 68, 70-71, 76, 78-79
種子の寿命……41
受粉昆虫……41, 57
種名……5
旬の野菜作り……10
子葉……18, 31
小葉……31
蒸散作用……43
硝酸態窒素……50-51
食物連鎖……8, 82

除草 …… 7, 8, 11, 14, 22, 24, 28, 33, 36, 41, **46**, 70, 79, 80, 83, 88
シロイヌナズナ …… 39
シロツメクサ …… 42, 43, 56, 79
心枝 …… 12, 31-32
人工受粉 …… 24
心止まり …… 62
心葉 …… 14, 15, 19, 62, 81
施肥溝（せひみぞ）…… 13, 15, 30, 41
素因 …… 9
草生栽培 …… 7, 43, 45, **46**, 61, 62, 77, 83, 88
疎植 …… 78
ソバ …… 10-11, 30, 41, **44**, 45, 79-80, 85-88
ソルゴー …… 43, 44, **46**, 47, 52, 55-56, 61, 73, 77, 80, 83

た

ダイコン …… 11, **13**, 14, 25, 39, 45, 47, 52, 55, 57-58, 61-62, 64, 67, 87
ダイズ …… 11, **30**, 55, 58, 64, 73, 82, 86-87
体長 …… 75
堆肥 …… 21, 37, 41, 49-51, 53-54, 68, 81
ただの虫 …… 34, **58**, 87-88
脱窒 …… 50
脱皮 …… **58**, 61, 76
ダンゴムシ …… 48, 51, **69**, 81
たんぱく態窒素 …… 50
団粒構造 …… 50-51
チガヤ …… 42, **45**
着果負担 …… 25
虫見板 …… 75
中耕 …… 18, **70**
地力 …… 6, 18, 36, 38, 46, 49, 52
鎮圧 …… 14, 15, 16, 17, 21, 53
土寄せ …… 18, 20, 21, **70**
摘心 …… **29**, 31
摘葉 …… **19**, 39

天敵 …… 6-9, 11, 12, 19, 22, 33, 35, 41, 44-47, 58-59, 72, 77, 80-82, 84, 88-89
天敵資材 …… **77**, 79
とう立ち …… 25, **35**
土壌診断 …… 54
土壌 pH …… 37
土層 …… 28, **48**
土着天敵 …… **7**, 8, 77, 86
トビムシ …… 48, 88
トンネルがけ …… **12**, 17

な

苗立枯病 …… 64
中刈り …… 7, 12, 43, 44, **46**
ナス …… 16, **26**, 36, 47, 53, 55, 57, 66, 69, 72
ナズナ …… 78
菜種油かす …… 53, 54
なんぷ病 …… 23, 68
ニンジン …… **16**, 39, 45, 52, 55, 70
ネキリムシガード …… 12, 14, 16, 24, 29, **65**, 69, 70
ネギ …… **21**, 41, 55, 57, 61
ねぎ坊主 …… 22
根腐病 …… 18, 72
ノウサギ …… 19

は

ハエ …… 10, 30, 44, 77, 81, 84, 86, 87
ハクサイ …… 62, 65, 67, 71, 86
ハコベ …… 45
発酵鶏ふん …… 13, 14, 19, 20, 25, 27, 37, 51-**53**
花暦（雑草）…… 42
春まきダイコン …… **13**, 68
BT 剤 …… 20, 33, 63, 64, 86
ピーマン …… **24**, 36
光発芽性種子 …… 15
ヒヨドリ …… 35, 72, **73**
ふ化 …… 33, 61, 63, 66, 70, 76, 78

覆土 …… 17, 21, **29**, 35-36
複葉 …… 17, 31
不耕起栽培 …… 30, 38, 42-43, 45, 49-**50**, 52
腐植 …… 48, 50-**51**, 54
分けつ（ネギの）…… 22
ヘアリーベッチ …… 7, **46**-47, 52, 54-56
べたがけ …… **11**, 31, 47, 62, 67
べと病 …… 9, 21, 32, **37**
変態（昆虫の）…… 58
胞子（分生子）…… 77, **85**
防虫サンサンネット …… 11
ホウレンソウ …… 25, **36**, 54, 69
ぼかし肥 …… 14-16, 24, 25, 35, **53**-55
捕殺 …… 10, 12, 18, 19, 20, 22, 24, 26, 33, 34, 37,
　　62, 63, 65-68

ま
マグネシウム …… 27, 54
待肥 …… 25
間引き …… 14, 17, 29, 31, 36
マミー …… 14, 80
マリーゴールド（高性種）…… 18, 21, 31, 72
マルチ …… 51, 62
マルハナバチ類 …… 87
見せしめ防除法 …… 86
溝施肥 …… 13, 24, 26, 48, **52**-54, 73, 74
ミミズ …… 10, 19, 41, 50, **51**, 52, 73
ミツバチ …… 41, 44, 59, 79, 87
メヒシバ …… 24, **44**

メマツヨイグサ …… 45
免疫（植物の）…… 39
モザイク病 …… 14, **61**
もみがら牛ふん堆肥 …… 13, 14, 27, 52, **53**, 54
モロヘイヤ …… **29**, 68

や
誘因 …… **9**, 39
有機質肥料 …… 8, 10, 22, 48, **53**, 54, 73
有機物 …… 30, 37, 44, **46**, 48, 49, 51, 52, 69, 88
葉身 …… 20
用土 …… **15**, 24, 69
葉柄 …… 18, 32, 39

ら
ライムギ …… 38, 47, 55, 56, 61
ラッカセイ …… 21, **27**, 28, 47, 54, 55, 56, 72, 73
卵塊 …… **63**, 64
卵寄生蜂 …… 63
卵嚢 …… 82, 83
流亡（肥料の）…… 51
輪作 …… 13, 18, 21, 47, 51, 53, 72
リン酸肥料 …… 48
レタス …… 15, 36, 57, 62
連作障害 …… 28, **55**

わ
和名 …… 5

害虫等さくいん

あ

アザミウマ ····· 43
アズキノメイガ ····· 26, 27
アブラムシ ····· 10, 14, 16, 26, 32, 33, 35, 43, 44, 58, **61**, 66, 77-81
ウスカワマイマイ ····· 71
ウリハムシ ····· 23, 57-58, **66**, 67, 76
オオタバコガ ····· 26
オンブバッタ ····· 29, 57, **68**, 76

か

カブラヤガ ····· 13-14, 16, 18, 22, 24, 37, 58, **64**, 70, 76, 87
カメムシ類 ····· 87
カラス ····· 28, **72**
キアゲハ ····· **18**, 39
キジ→総さくいん「キジ」
キスジノミハムシ ····· 13, 57-58, **67**-68, 76
コオロギ ····· 16, 19, 76
コガネムシ ····· 29, 30, 32, 34, 41, 45, 58, 60, 75, 76
コナガ ····· 43, 57, **62**, 76

さ

シンクイムシ ····· 11, 14, 15, 31, 32, 58, **62**, 68
スズメガ ····· 20, 58, 78

た

ダンゴムシ→総さくいん「ダンゴムシ」
テントウムシダマシ ····· 66
土壌センチュウ ····· 15, 18, 28, 29, 55, 58, **71**

な

ナメクジ ····· 15, 35, **71**
ニジュウヤホシテントウ ····· 26, **66**, 76
ネキリムシ ····· 12, 17, 18, 22, 31, 37, 41, 57, 63-65, 70, 71
ネグサレセンチュウ ····· 72
ネコブセンチュウ ····· 72
ネダニ ····· 22
ノウサギ→総さくいん「ノウサギ」

は

ハイマダラノメイガ ····· 15, **62**
ハクビシン ····· 74
ハスモンヨトウ ····· 12, 20, 33, **63**, 86
ハダニ ····· 9, 25, 37, 58, 61, **68**
ヒメコガネ ····· 30, 32
ヒョウタンゾウムシ ····· **68**, 76
ヒヨドリ→総さくいん「ヒヨドリ」
ホオズキカメムシ ····· 26, 76
ホソヘリカメムシ ····· 33, 57

ま

マメコガネ ····· 30, 32, 76
モグラ ····· 52, **73**, 74
モモアカアブラムシ ····· 76
モンシロチョウ ····· **58**, 60-62, 70, 76, 86-87

や

ヨトウガ ····· 22, 60, **63**, 76, 86, 87
ヨトウムシ ····· 10, 12, 16, 21, 22, 31, 33, 36, 37, 57, 58, **63**, 81, 86
ヨモギエダシャク ····· 33

天敵さくいん

あ
アシナガバチ …… 59, 76, **80**, 87
アブラバチ …… 14, **79**
アマガエル …… 33-35, **83**, 87
ウイルス病→総さくいん「ウイルス病」
ウヅキコモリグモ …… 82
オオフタオビドロバチ …… 84

か
クモ …… 7, 12, 33, 34, 43, 62, 77, 81, **82**, 83, 87, 88
硬化病 …… 85
コガタルリハムシ …… 45
コサラグモ …… 82
ゴミムシ …… 34, 43, 63, **81**, 82, 88

た
ツチバチ …… 30, 87
天敵微生物 …… 11, **77**, 84-86

な
ナナホシテントウ …… 44, 66, **78**, 79

ナミテントウ …… 78

は
ハサミムシ …… 81
ハナアブ類 …… 87
ハナグモ …… 44, **82**
ヒメカメノコテントウ …… 24, **78**
ヒメハナカメムシ …… 43
フタモンアシナガバチ …… 44, **80**
捕食寄生者 …… 77, 79
捕食者 …… 77
ホソヒラタアブ …… 79

ま
モンクロシャチホコ …… 86

ら
緑きょう病 …… 77, 85

【著者略歴】

堀 俊一 [ほり しゅんいち]

1949 年栃木県生まれ、幼少期を現浦安市で過ごす。
東京農工大学卒業、1972 年から 2008 年まで農業改良普及員等、おもに野菜担当。
退職後、就農。妻の実家の農地を借用し、労働力は本人と妻の 2 人。耕作面積
70 アール、うち 50 アールは有機無農薬栽培で、栽培品目は、露地野菜（多品目
少量栽培）とダイズ、ラッカセイ。20 アールは水田、他にブルーベリーとクリ。
販売方法は直売。

うら表紙写真（左上から横に）
マリーゴールド、ホソヒラタアブ、アブラムシとテントウムシ、アマガエル、
ニンジンの葉、ラッカセイの花 、カメムシ（幼虫、害虫）、ソバの花とアブ、
メヒシバ（雑草）

わたしのエコひいき農業　有機無農薬栽培の実際

2018 年 11 月 21 日　第 1 版第 1 刷発行

著　者 ◆ 堀 俊一
発行者 ◆ 鶴見 治彦
発行所 ◆ 筑波書房
　　　　東京都新宿区神楽坂 2-19 銀鈴会館 〒162-0825
　　　　☎ 03-3267-8599
　　　　郵便振替 00150-3-39715
　　　　http://www.tsukuba-shobo.co.jp

定価はカバーに表示してあります。
印刷・製本 = 中央精版印刷株式会社
ISBN978-4-8119-0542-6　C0061
ⓒ Shunichi Hori 2018 printed in Japan